石油企业岗位练兵手册

射孔取心工

大庆油田有限责任公司 编

石油工业出版社

内容提要

本书采用问答形式，对射孔取心工应掌握的知识和技能进行了详细介绍。主要内容可分为基本素养、基础知识、基本技能三部分。基本素养包括企业文化、发展纲要和职业道德等内容，基础知识包括与工种岗位密切相关的专业知识和HSE知识等内容，基本技能包括操作技能和常见故障判断处理等内容。本书适合射孔取心工阅读使用。

图书在版编目（CIP）数据

射孔取心工 / 大庆油田有限责任公司编 . —北京：石油工业出版社，2023.9

（石油企业岗位练兵手册）

ISBN 978-7-5183-6201-1

Ⅰ . ①射…　Ⅱ . ①大…　Ⅲ . ①油气钻井 – 射孔 – 技术手册②油气钻井 – 取心钻进 – 技术手册　Ⅳ . ① TE257-62 ② TE244-62

中国国家版本馆 CIP 数据核字（2023）第 147384 号

出版发行：石油工业出版社

（北京市朝阳区安华里 2 区 1 号楼　100011）

网　址：www.petropub.com

编辑部：（010）64523785

图书营销中心：（010）64523633

经　　销：全国新华书店

印　　刷：北京中石油彩色印刷有限责任公司

2023 年 9 月第 1 版　2023 年 9 月第 1 次印刷

880×1230 毫米　开本：1/32　印张：8.375

字数：210 千字

定价：50.00 元

（如出现印装质量问题，我社图书营销中心负责调换）

前言

岗位练兵是大庆油田的优良传统，是强化基本功训练、提升员工素质的重要手段。新时期、新形势下，按照全面加强“三基”工作的有关要求，为进一步强化和规范经常性岗位练兵活动，切实提高基层员工队伍的基本素质，按照“实际、实用、实效”的原则，大庆油田有限责任公司人事部组织编写、修订了基层员工《石油企业岗位练兵手册》丛书。围绕提升政治素养和业务技能的要求，本套丛书架构分为基本素养、基础知识、基本技能三部分，基本素养包括企业文化（大庆精神铁人精神、优良传统）、发展纲要和职业道德等内容；基础知识包括与工种岗位密切相关的专业知识和HSE知识等内容；基本技能包括操作技能和常见故障判断处理等内容。本套丛书的编写，严格依据最新行业规范和技术标准，同时充分结合目前专业知识更新、生产设备调整、操作工艺优化等实际情况，具有突出的实用性和规范性的特点，既能作为基层开展岗位练兵、提高业务技能的实用教材，也可以作为员工岗位自学、单位开展技能竞赛的参考资料。

希望各单位积极应用，充分发挥本套丛书的基础性作用，持续、深入地抓好基层全员培训工作，不断提升员工队伍整体素质，为实现公司科学发展提供人力资源保障。同时，希望各单位结合本套丛书的应用实践，对丛书的修改完善提出宝贵意见，以便更好地规范和丰富丛书内容，为基层扎实有效地开展岗位练兵活动提供有力支撑。

大庆油田有限责任公司人事部

2023 年 4 月 28 日

第一部分　基本素养

第二部分　基础知识

第三部分　基本技能

第一部分 基本素养

一、企业文化

（一）名词解释

1. 石油精神：石油精神以大庆精神铁人精神为主体，是对石油战线企业精神及优良传统的高度概括和凝练升华，是我国石油队伍精神风貌的集中体现，是历代石油人对人类精神文明的杰出贡献，是石油石化企业的政治优势和文化软实力。其核心是“苦干实干”“三老四严”。

2. 大庆精神：为国争光、为民族争气的爱国主义精神；独立自主、自力更生的艰苦创业精神；讲究科学、“三老四严”的求实精神；胸怀全局、为国分忧的奉献精神，凝练为“爱国、创业、求实、奉献”8个字。

3. 铁人精神：“为国分忧、为民族争气”的爱国主义精神；“宁肯少活二十年，拼命也要拿下大油田”的忘我拼搏精神；“有条件要上，没有条件创造条件也要上”的艰苦奋斗精神；“干工作要经得起子孙万代检查”“为革命练一身硬功夫、真本事”的科学求实精神；“甘愿为党和人民当一辈子老黄牛”、埋头苦干的无私奉献精神。

4. 三超精神：超越权威，超越前人，超越自我。

5. 艰苦创业的六个传家宝：人拉肩扛精神，干打垒精神，五把铁锹闹革命精神，缝补厂精神，回收队精神，修旧利废精神。

6. 三要十不：“三要”：一要甩掉石油工业的落后帽子；二要高速度、高水平拿下大油田；三要在会战中夺冠军，争取集体荣誉。“十不”：第一，不讲条件，就是说有条件要上，没有条件创造条件上；第二，不讲时间，特别是工作紧张时，大家都不分白天黑夜地干；第三，不讲报酬，干啥都是为了革命，为了石油，而不光是为了个人的物质报酬而劳动；第四，不分级别，有工作大家一起干；第五，不讲职务高低，不管是局长、队长，都一起来；第六，不分你我，互相支援；第七，不分南北东西，就是不分玉门来的、四川来的、新疆来的，为了大会战，一个目标，大家一起上；第八，不管有无命令，只要是该干的活就抢着干；第九，不分部门，大家同心协力；第十，不分男女老少，能干什么就干什么、什么需要就干什么。这“三要十不”，激励了几万职工团结战斗、同心协力、艰苦创业，一心为会战的思想和行动，没有高度觉悟是做不到的。

7. 三老四严：对待革命事业，要当老实人，说老实话，办老实事；对待工作，要有严格的要求，严密的组织，严肃的态度，严明的纪律。

8. 四个一样：对待革命工作要做到，黑天和白天一个样，坏天气和好天气一个样，领导不在场和领导在场一个样，没有人检查和有人检查一个样。

9. 思想政治工作“两手抓”：抓生产从思想入手，抓思想从生产出发。这是大庆人正确处理思想政治工作与经济工作关系的基本原则，也是大庆人思想政治工作的一条基本经验。

10. 岗位责任制管理：大庆油田岗位责任制，是大庆石油会战时期从实践中总结出来的一整套行之有效的基础管理方法，也是大庆油田特色管理的核心内容。其实质就是把全部生产任务和管理工作落实到各个岗位上，给企业每个岗位人员都规定出具体的任务、责任，做到事事有人管，人人有专责，办事有标准，工作有检查。它包括工人岗位责任制、基层干部岗位责任制、领导干部和机关干部岗位责任制。工人岗位责任制一般包括岗位专责制、交接班制、巡回检查制、设备维修保养制、质量负责制、岗位练兵制、安全生产制、班组经济核算制等 8 项制度；基层干部岗位责任制包括岗位专责制、工作检查制、生产分析制、经济活动分析制、顶岗劳动制、学习制度等 6 项制度；领导干部和机关干部岗位责任制包括岗位专责制、现场办公制、参加劳动制、向工人学习日制、工作总结制、学习制度等 6 项制度。

11. 三基工作：以党支部建设为核心的基层建设，以岗位责任制为中心的基础工作，以岗位练兵为主要内容的基本功训练。

12. 四懂三会：这是在大庆石油会战时期提出的对各行各业技术工人必备的基本知识、基本技能的基本要求，也是“应知应会”的基本内容。四懂即懂设备结构、懂设备原理、懂设备性能、懂工艺流程。三会即会操作、会维修保养、会排除故障。

13. 五条要求：人人出手过得硬，事事做到规格化，项项工程质量全优，台台在用设备完好，处处注意勤俭节约。

14. 会战时期“五面红旗”：王进喜、马德仁、段兴枝、薛国邦、朱洪昌。

15. 新时期铁人：王启民。

16. 大庆新铁人：李新民。

17. 新时代履行岗位责任、弘扬严实作风“四条要求”：要人人体现严和实，事事体现严和实，时时体现严和实，处处体现严和实。

18. 新时代履行岗位责任、弘扬严实作风“五项措施”：开展一场学习，组织一次查摆，剖析一批案例，建立一项制度，完善一项机制。

（二）问答

1. 简述大庆油田名称的由来。

1959年9月26日，新中国成立十周年大庆前夕，位于黑龙江省原肇州县大同镇附近的松基三井喷出了具有工业价值的油流，为了纪念这个大喜大庆的日子，当时黑龙江省委第一书记欧阳钦同志建议将该油田定名为大庆油田。

2. 中共中央何时批准大庆石油会战？

1960年2月13日，石油工业部以党组的名义向中共中央、国务院提出了《关于东北松辽地区石油勘探情况和今后部署问题的报告》。1960年2月20日中共中央正式批准大庆石油会战。

3. 什么是“两论”起家？

1960 年 4 月 10 日，大庆石油会战一开始，会战领导小组就以石油工业部机关党委的名义作出了《关于学习毛泽东同志所著〈实践论〉和〈矛盾论〉的决定》，号召广大会战职工学习毛泽东同志的《实践论》《矛盾论》和毛泽东同志的其他著作，以马列主义、毛泽东思想指导石油大会战，用辩证唯物主义的立场、观点、方法，认识油田规律，分析和解决会战中遇到的各种问题。广大职工说，我们的会战是靠“两论”起家的。

4. 什么是“两分法”前进？

即在任何时候，对任何事情，都要用“两分法”，形势好的时候要看到不足，保持清醒的头脑，增强忧患意识，形势严峻的时候更要一分为二，看到希望，增强发展的信心。

5. 简述会战时期“五面红旗”及其具体事迹。

“五面红旗”喻指大庆石油会战初期涌现的五位先进榜样：王进喜、马德仁、段兴枝、薛国邦、朱洪昌。钻井队长王进喜带领队伍人拉肩扛抬钻机，端水打井保开钻，在发生井喷的危急时刻，奋不顾身跳下泥浆池，用身体搅拌泥浆制服井喷。钻井队长马德仁在泥浆泵上水管线冻结时，不畏严寒，破冰下泥浆池，疏通上水管线。钻井队长段兴枝在吊车和拖拉机不足的情况下，利用钻机本身的动力设施，解决了钻机搬家的困难。大庆油田第一个采油队队长薛国邦自制绞车，给第一批油井清蜡，又手持蒸汽管下到油池里化开凝结的原油，保证了大庆油田首次原油外运列车顺利启程。工程队队长朱洪昌在供水管线漏水时，用手捂着漏点，忍着灼烧的疼痛，让焊工焊接裂缝，保证了供水工程提前竣工。

6. 大庆油田投产的第一口油井和试注成功的第一口水井各是什么？

1960年5月16日，大庆油田第一口油井中7-11井投产；1960年10月18日，大庆油田第一口注水井7排11井试注成功。

7. 大庆石油会战时期讲的“三股气”是指什么？

对一个国家来讲，就要有民气；对一个队伍来讲，就要有士气；对一个人来讲，就要有志气。三股气结合起来，就会形成强大的力量。

8. 什么是“九热一冷”工作法？

大庆石油会战中创造的一种领导工作方法。是指在1旬中，有9天“热”，1天“冷”。每逢十日，领导干部再忙，也要坐在一起开务虚会，学习上级指示，分析形势，总结经验，从而把感性认识提高到理性认识上来，使领导作风和领导水平得到不断改进和提高。

9. 什么是“三一”“四到”“五报”交接班法？

对重要的生产部位要一点一点地交接、对主要的生产数据要一个一个地交接、对主要的生产工具要一件一件地交接。交接班时应该看到的要看到、应该听到的要听到、应该摸到的要摸到、应该闻到的要闻到。交接班时报检查部位、报部件名称、报生产状况、报存在的问题、报采取的措施，开好交接班会议，会议记录必须规范完整。

10. 大庆油田原油年产5000万吨以上持续稳产的时间是哪年？

1976年至2002年，大庆油田实现原油年产5000万吨以上连续27年高产稳产，创造了世界同类油田开发史上的奇迹。

11. 大庆油田原油年产4000万吨以上持续稳产的时间是哪年？

2003年至2014年，大庆油田实现原油年产4000万吨以上连续12年持续稳产，继续书写了“我为祖国献石油”新篇章。

12. 中国石油天然气集团有限公司企业精神是什么？

石油精神和大庆精神铁人精神。

13. 中国石油天然气集团有限公司的主营业务是什么？

中国石油天然气集团有限公司是国有重要骨干企业和全球主要的油气生产商和供应商之一，是集国内外油气勘探开发和新能源、炼化销售和新材料、支持和服务、资本和金融等业务于一体的综合性国际能源公司，在全球32个国家和地区开展油气投资业务。

14. 中国石油天然气集团有限公司的企业愿景和价值追求分别是什么？

企业愿景：建设基业长青世界一流综合性国际能源公司；

企业价值追求：绿色发展、奉献能源，为客户成长增动力、为人民幸福赋新能。

15. 中国石油天然气集团有限公司的人才发展理念是什么？

生才有道、聚才有力、理才有方、用才有效。

16. 中国石油天然气集团有限公司的质量安全环保理念是什么？

以人为本、质量至上、安全第一、环保优先。

17. 中国石油天然气集团有限公司的依法合规理念是什么？

法律至上、合规为先、诚实守信、依法维权。

发展纲要

（一）名词解释

1. 三个构建：一是构建与时俱进的开放系统；二是构建产业成长的生态系统；三是构建崇尚奋斗的内生系统。

2. 一个加快：加快推动新时代大庆能源革命。

3. 抓好“三件大事”：抓好高质量原油稳产这个发展全局之要；抓好弘扬严实作风这个标准价值之基；抓好发展接续力量这个事关长远之计。

4. 谱写“四个新篇”：奋力谱写“发展新篇”；奋力谱写“改革新篇”；奋力谱写“科技新篇”；奋力谱写“党建新篇”。

5. 统筹“五大业务”：大力发展油气业务；协同发展服务业务；加快发展新能源业务；积极发展“走出去”业务；特色发展新产业新业态。

6. “十四五”发展目标：实现“五个开新局”，即稳油增气开新局；绿色发展开新局；效益提升开新局；幸福生活开新局；企业党建开新局。

7. 高质量发展重要保障：思想理论保障；人才支持保障；基础环境保障；队伍建设保障；企地协作保障。

（二）问答

1. 习近平总书记致大庆油田发现60周年贺信的内容是什么？

值此大庆油田发现60周年之际，我代表党中央，向大庆油田广大干部职工、离退休老同志及家属表示热烈的祝贺，并致以诚挚的慰问！

60年前，党中央作出石油勘探战略东移的重大决策，广大石油、地质工作者历尽艰辛发现大庆油田，翻开了中国石油开发史上具有历史转折意义的一页。60年来，几代大庆人艰苦创业、接力奋斗，在亘古荒原上建成我国最大的石油生产基地。大庆油田的卓越贡献已经镌刻在伟大祖国的历史丰碑上，大庆精神、铁人精神已经成为中华民族伟大精神的重要组成部分。

站在新的历史起点上，希望大庆油田全体干部职工不忘初心、牢记使命，大力弘扬大庆精神、铁人精神，不断改革创新，推动高质量发展，肩负起当好标杆旗帜、建设百年油田的重大责任，为实现"两个一百年"奋斗目标、实现中华民族伟大复兴的中国梦作出新的更大的贡献！

2. 当好标杆旗帜、建设百年油田的含义是什么？

当好标杆旗帜——树立了前行标尺，是我们一切工作的根本遵循。大庆油田要当好能源安全保障的标杆、国企深化改革的标杆、科技自立自强的标杆、赓续精神血脉的标杆。

建设百年油田——指明了前行方向，是我们未来发展的奋斗目标。百年油田，首先是时间的概念，追求能源主业的升级发展，建设一个基业长青的百年油田；百年油田，也是空间的拓展，追求发展舞台的开辟延伸，建设一个走向世界的百年油田；百年油田，更是精神的赓续，追求红色基因的传承弘扬，建设一个旗帜高扬的百年油田。

3. 大庆油田 60 多年的开发建设取得的辉煌历史有哪些？

大庆油田 60 多年的开发建设，为振兴发展奠定了坚实基础。建成了我国最大的石油生产基地；孕育形成了大庆精神铁人精神；创造了世界领先的陆相油田开发技术；打造了过硬的“铁人式”职工队伍；促进了区域经济社会的繁荣发展。

4. 开启建设百年油田新征程两个阶段的总体规划是什么？

第一阶段，从现在起到 2035 年，实现转型升级、高质量发展；第二阶段，从 2035 年到本世纪中叶，实现基业长青、百年发展。

5. 大庆油田“十四五”发展总体思路是什么？

坚持以习近平新时代中国特色社会主义思想为指导，深入贯彻落实党的二十大精神，牢记践行习近平总书记重要讲话重要指示批示精神特别是“9·26”贺信精神，完整、准确、全面贯彻新发展理念，服务和融入新发展格局，立足增强能源供应链稳定性和安全性，贯彻落实国家“十四五”现代能源体系规划，认真落实中国石油天然气集团有限公司党组和黑龙江省委省政府部署要求，全面加强党的领导党的建设，坚持稳中求进工作总基调，突出高质量发展主题，遵循“四个坚持”兴企方略和“四化”治企准则，推进实施以抓好“三件大事”为总纲、以谱写“四个新篇”为实践、以统筹“五大业务”为发展支撑的总体战略布局，全面提升企业的创新力、竞争力和可持续发展能力，当好标杆旗帜、建设百年油田，开创油田高质量发展新局面。

6. 大庆油田“十四五”发展基本原则是什么？

坚持“九个牢牢把握”，即牢牢把握“当好标杆旗帜”这个根本遵循；牢牢把握“市场化道路”这个基本方向；牢牢把握“低成本发展”这个核心能力；牢牢把握“绿色低碳转型”这个发展趋势；牢牢把握“科技自立自强”这个战略支撑；牢牢把握“人才强企工程”这个重大举措；牢牢把握“依法合规治企”这个内在要求；牢牢把握“加强作风建设”这个立身之本；牢牢把握“全面从严治党”这个政治引领。

7. 中国共产党第二十次全国代表大会会议主题是什么？

高举中国特色社会主义伟大旗帜，全面贯彻新时代中国特色社会主义思想，弘扬伟大建党精神，自信自强、守正创新，踔厉奋发、勇毅前行，为全面建设社会主义现代化国家、全面推进中华民族伟大复兴而团结奋斗。

8. 在中国共产党第二十次全国代表大会上的报告中，中国共产党的中心任务是什么？

从现在起，中国共产党的中心任务就是团结带领全国各族人民全面建成社会主义现代化强国、实现第二个百年奋斗目标，以中国式现代化全面推进中华民族伟大复兴。

9. 在中国共产党第二十次全国代表大会上的报告中，中国式现代化的含义是什么？

中国式现代化，是中国共产党领导的社会主义现代化，既有各国现代化的共同特征，更有基于自己国情的中国特色。中国式现代化是人口规模巨大的现代化；中国式现代化是全体人民共同富裕的现代化；中国式现代化是物质文明和精神文明相协调的现代化；中国式现代化是人与自然和谐共生的现代化；中国式现代化是走和平发展道路的现代化。

10. 在中国共产党第二十次全国代表大会上的报告中，两步走是什么？

全面建成社会主义现代化强国，总的战略安排是分两步走：从二〇二〇年到二〇三五年基本实现社会主义现代化；从二〇三五年到本世纪中叶把我国建成富强民主文明和谐美丽的社会主义现代化强国。

11. 在中国共产党第二十次全国代表大会上的报告中，“三个务必”是什么？

全党同志务必不忘初心、牢记使命，务必谦虚谨慎、艰苦奋斗，务必敢于斗争、善于斗争，坚定历史自信，增强历史主动，谱写新时代中国特色社会主义更加绚丽的华章。

12. 在中国共产党第二十次全国代表大会上的报告中，牢牢把握的“五个重大原则”是什么？

坚持和加强党的全面领导；坚持中国特色社会主义道路；坚持以人民为中心的发展思想；坚持深化改革开放；坚持发扬斗争精神。

13. 在中国共产党第二十次全国代表大会上的报告中，十年来，对党和人民事业具有重大现实意义和深远意义的三件大事是什么？

一是迎来中国共产党成立一百周年，二是中国特色社会主义进入新时代，三是完成脱贫攻坚、全面建成小康社会的历史任务，实现第一个百年奋斗目标。

14. 在中国共产党第二十次全国代表大会上的报告中，坚持“五个必由之路”的内容是什么？

全党必须牢记，坚持党的全面领导是坚持和发展中国特色社会主义的必由之路，中国特色社会主义是实现中华民族伟大复兴的必由之路，团结奋斗是中国人民创造历史伟业的必由之路，贯彻新发展理念是新时代我国发展壮大的必由之路，全面从严治党是党永葆生机活力、走好新的赶考之路的必由之路。

三、职业道德

（一）名词解释

1. 道德：是调节个人与自我、他人、社会和自然界之间关系的行为规范的总和。

2. 职业道德：是同人们的职业活动紧密联系的、符合职业特点所要求的道德准则、道德情操与道德品质的总和。

3. 爱岗敬业：爱岗就是热爱自己的工作岗位，热爱自己从事的职业；敬业就是以恭敬、严肃、负责的态度对待工作，一丝不苟，兢兢业业，专心致志。

4. 诚实守信：诚实就是真心诚意，实事求是，不虚假，不欺诈；守信就是遵守承诺，讲究信用，注重质量和信誉。

5. 劳动纪律：是用人单位为形成和维持生产经营秩序，保证劳动合同得以履行，要求全体员工在集体劳动、工作、生活过程中，以及与劳动、工作紧密相关的其他过程中必须共同遵守的规则。

6. 团结互助：指在人与人之间的关系中，为了实现共同的利益和目标，互相帮助，互相支持，团结协作，共同发展。

（二）问答

1. 社会主义精神文明建设的根本任务是什么？

适应社会主义现代化建设的需要，培育有理想、有道德、有文化、有纪律的社会主义公民，提高整个中华民族的思想道德素质和科学文化素质。

2. 我国社会主义道德建设的基本要求是什么？

爱祖国、爱人民、爱劳动、爱科学、爱社会主义。

3. 为什么要遵守职业道德？

职业道德是社会道德体系的重要组成部分，它一方面具有社会道德的一般作用，另一方面它又具有自身的特殊作用，具体表现在：（1）调节职业交往中从业人员内部以及从业人员与服务对象间的关系。（2）有助于维护和提高本行业的信誉。（3）促进本行业的发展。（4）有助于提高全社会的道德水平。

4. 爱岗敬业的基本要求是什么？

（1）要乐业。乐业就是从内心里热爱并热心于自己所从事的职业和岗位，把干好工作当作最快乐的事，做到其乐融融。（2）要勤业。勤业是指忠于职守，认真负责，刻苦勤奋，不懈努力。（3）要精业。精业是指对本职工作业务纯熟，精益求精，力求使自己的技能不断提高，使自己的工作成果尽善尽美，不断地有所进步、有所发明、有所创造。

5. 诚实守信的基本要求是什么？

（1）要诚信无欺。（2）要讲究质量。（3）要信守合同。

6. 职业纪律的重要性是什么？

职业纪律影响企业的形象，关系企业的成败。遵守职业纪律是企业选择员工的重要标准，关系到员工个人事业成功与发展。

7. 合作的重要性是什么？

合作是企业生产经营顺利实施的内在要求，是从业人员汲取智慧和力量的重要手段，是打造优秀团队的有效途径。

8. 奉献的重要性是什么？

奉献是企业发展的保障，是从业人员履行职业责任的必由之路，有助于创造良好的工作环境，是从业人员实现职业理想的途径。

9. 奉献的基本要求是什么？

（1）尽职尽责。要明确岗位职责，培养职责情感，全力以赴工作。（2）尊重集体。以企业利益为重，正确对待个人利益，树立职业理想。（3）为人民服务。树立为人民服务的意识，培育为人民服务的荣誉感，提高为人民服务的本领。

10. 企业员工应具备的职业素养是什么？

诚实守信、爱岗敬业、团结互助、文明礼貌、办事公道、勤劳节俭、开拓创新。

11. 培养“四有”职工队伍的主要内容是什么？

有理想、有道德、有文化、有纪律。

12. 如何做到团结互助？

（1）具备强烈的归属感。（2）参与和分享。（3）平等尊重。（4）信任。（5）协同合作。（6）顾全大局。

13. 职业道德行为养成的途径和方法是什么？

（1）在日常生活中培养。从小事做起，严格遵守行为规范；从自我做起，自觉养成良好习惯。（2）在专业学习中训练。增强职业意识，遵守职业规范；重视技能训练，提高职业素养。（3）在社会实践中体验。参加社会实践，培养职业道德；学做结合，知行统一。（4）在自我修养中提高。体验生活，经常进行“内省”；学习榜样，努力做到“慎独”。（5）在职业活动中强化。将职业道德知识内化为信念；将职业道德信念外化为行为。

14. 员工违规行为处理工作应当坚持的原则是什么？

（1）依法依规、违规必究；（2）业务主导、分级负责；（3）实事求是、客观公正；（4）惩教结合、强化预防。

15. 对员工的奖励包括哪几种？

奖励种类包括通报表彰、记功、记大功、授予荣誉称号、成果性奖励等。在给予上述奖励时，可以是一定的物质奖励。物质奖励可以给予一次性现金奖励（奖金）或实物奖励，也可根据需要安排一定时间的带薪休假。

16. 员工违规行为处理的方式包括哪几种？

员工违规行为处理方式分为：警示诫勉、组织处理、处分、经济处罚、禁入限制。

17.《中国石油天然气集团公司反违章禁令》有哪些规定？

为进一步规范员工安全行为，防止和杜绝“三违”现象，保障员工生命安全和企业生产经营的顺利进行，特制定本禁令。

一、严禁特种作业无有效操作证人员上岗操作；

二、严禁违反操作规程操作；

三、严禁无票证从事危险作业；

四、严禁脱岗、睡岗和酒后上岗；

五、严禁违反规定运输民爆物品、放射源和危险化学品；

六、严禁违章指挥、强令他人违章作业。

员工违反上述禁令，给予行政处分；造成事故的，解除劳动合同。

第二部分
基础知识

专业知识

（一）名词解释

1. 射孔：完井工程的重要组成部分和试油技术的主要环节，利用高能炸药爆炸形成射流射穿油气井管壁、水泥环和部分地层，建立油气层和井筒之间油气流通道的一种技术。

2. 聚能射流：聚能装药的爆轰能量压垮药型罩并向轴向汇聚形成的高温、高速金属流。

3. 射孔器：用于射孔的爆破器材（射孔弹、射孔枪、导爆索、穿爆管、雷管等）及其配套件的组合体。

4. 射孔弹：一种以炸药为动力，具有聚能效应的油气井专用爆炸工具。

5. 聚能式射孔器：利用炸药爆轰的聚能效应产生的高温、高压、高速的聚能射流完成射孔作业的射孔器，按结构分为有枪身射孔器和无枪身射孔器两大类。

6. 子弹式射孔器：利用火药发射金属子弹完成射孔作业的射孔器。

7. **射孔枪**：分为有枪身射孔枪和无枪身射孔枪，有枪身射孔枪用于承载射孔弹的密封承压发射体；无枪身射孔枪专指弹架，它的密封承压由无枪身射孔弹的弹壳承担。

8. **盲孔**：射孔枪枪身上供射流穿过的未贯通的孔。

9. **喷火孔**：多次使用射孔枪的枪身上预先加工好供射流通过的通孔。

10. **弹架**：确保射孔弹在射孔枪内按设计位置可靠定位的载体。

11. **聚能射孔弹**：由炸药、壳体及药型罩等构成具有聚能效应的组合体。其原理是当射孔弹被引爆时，装在壳体与药型罩之间的炸药爆炸，压垮药型罩，使药型罩各微元向轴线方向加速运动并碰撞，药型罩内表面的一部分金属在轴线上汇聚，形成一股高速运动的金属射流，药型罩的其余部分形成一个跟随金属射流低速运动的杵体。射流在极其短暂的时间内（微秒级）可以穿透油井内的套管和水泥环并侵入地层，在井筒与储层之间形成油气通道。

12. **传爆管**：传爆序列中用于传递雷管或导爆索的爆轰能量的火工品。

13. **药型罩**：是实现射孔弹性能的核心元件。以细铜粉或 6-6-3 铜粉为基，外加适量的金属粉末、非金属粉末或其他合金粉末和成型剂，经混合、压制、烧结和精整制成。

14. **射孔间隙**：在射孔方向射孔器外表与套管内壁的距离。

15. **油管输送式射孔**：把一口井所要射开的油气层的射孔器全部串接在油管柱的尾端，形成一个硬连接的管串下入井中，通过测量磁定位曲线、放射性曲线校深、调整管串对准射孔层位，多种方式引爆射孔器对目的层进行射孔。

16. 正（负）压射孔：在井筒内液柱压力高于（低于）射孔层压力条件下射孔的工艺技术。

17. 定位射孔：在射孔施工时，根据射孔前设计所选定的深度依据——标准接箍深度、自然伽马尖峰（半幅点）深度，利用磁定位或伽马仪测量射孔器与标准接箍深度或自然伽马尖峰（半幅点）深度相对位置，从而确定射孔层深度及引爆射孔器位置的射孔工艺和方法。

18. 限流法射孔：通过控制套管上射孔孔眼的数量和孔眼尺寸，限制先压开层压裂液进入地层的流量，来实现油气井内一次压裂多层目的的射孔方法。

19. 射孔测试联合作业：将射孔器材与测试器组合在一根管柱上，一次下井可同时进行射孔和地层测试两项作业。它能获取动态条件下地层和流体的各种特性参数。

20. 射孔－采油联合作业：将采油泵、射孔器连成一个管串，输送到井下目的层段，射孔后直接进行采油的工艺技术。

21. 射孔液：射孔施工过程中采用的工作液，也可用于完井时的作业。总的要求是要保证与油（气）层岩石和流体配伍，防止射孔过程中和射孔后对油（气）层的进一步伤害，同时又能满足射孔施工要求。

22. 深度校正值：通过射孔校深确定的套前测井解释成果图深度对套后放磁曲线图深度的修正值。

23. 射孔相位：两个相邻射孔弹之间的轴线水平夹角。

24. 射孔炮头长：磁性定位仪记录点至下井射孔器第一发弹上界面的距离。

25. 标准接箍：在制作射孔施工表、计算提放值时，在每次待射层位的最近距离选定一个套管接箍作为提放值的基准，所选的接箍称为标准接箍。

26. 射孔优化设计：满足油气井工程和地质要求的前提下，通过分析不同孔深、孔径、孔密度等射孔参数对产能的影响，优选合适的射孔器、射孔液及射孔方式，利用射孔优化设计软件进行单井或区块射孔方案优化设计，给出射孔方案，以达到保护油气层和提高油气井生产能力的目的。

27. 地层射孔损害：各种射孔方式对套管、水泥环和射孔孔眼周围地层所造成的伤害。

28. 射孔布孔格式：射孔弹在弹架上的排列方式，一般可分为平面、螺旋、交错三种排列方式。

29. 起爆装置：由机械总成和起爆器（火工件）组成，用于起爆延时管、雷管、传爆管的一种装置。

30. 井壁取心：在井壁上指定的位置取出地层岩心的方法。井壁取心所获得的岩心是一种直观的地质资料。井壁取心按照施工原理可分为撞击式井壁取心和钻进式井壁取心两种。

31. 井壁取心器：在井壁上获取岩心的工具，分为撞击式井壁取心器和钻进式井壁取心器。

32. 撞击式井壁取心器：以火药爆炸为动力，发射取心筒撞击地层而获取岩心的工具。

33. 钻进式井壁取心器：采用液压传动技术推动金刚石钻头垂直井壁钻取获得岩心。

34. 岩心筒总成：由岩心筒、岩心筒座、岩心筒钢丝绳、密封件构成的组合体。

35. 火药包：经压模或包装形成的火药体。

36. 射孔孔密：每米射孔枪内装配射孔弹的数量。

37. 磁电雷管：由特定的交流信号起爆的电雷管。磁电雷管带有一个磁环，雷管没有裸露导线，桥丝始终处于闭合状态，这就避免了漏电导致的误爆，以及外部杂散电流引起的意外事故。起爆时，起爆仪输出高频电信号（几十千赫兹），通过电源线在磁环处产生交变磁通，于是在线圈上形成感应电动势（感应电流），通过感应产生的电流作用在桥丝上并转换为热能，使桥丝达到灼热状态，从而加热桥丝周围的起爆药并最终使其爆炸。

38. 井控：油气井压力控制的简称，分为一级、二级、三级井控。

39. 压力系数：某地层深度的地层压力与该深度的静水柱压力之比。

40. 静液压力：静止液体重力所产生的压力。

41. 抽汲压力：上提管柱时，由于井内液体的黏滞作用，从而使井内液柱压力瞬时减小的压力值。

42. 激动压力：下放管柱时，由于井内液体向上流动受到阻力，从而使井内液柱压力瞬时增加的值。

43. 磁性定位器：测量套管或油管接箍位置的仪器，主要由装在铜质或防磁不锈钢外壳内的两块同极相对的磁钢及两磁钢中间放置的铜线圈组成。根据法拉第电磁感应定律，线圈经过接箍时，通过线圈的磁通量发生变化导致线圈中产生感应电动势，记录感应电动势的大小，将得到一条套管接箍曲线。根据套管接箍曲线，配合放射性测井曲线可以准确确定射孔位置。

44. 双向二极管：由两个二极管反并联组成，正反两个方向都有稳压的作用。

45. 自然伽马曲线：自然伽马仪沿井身移动，连续测量井剖面上不同地层的自然伽马强度，并以电脉冲的形式传输到地面仪器，地面仪器把每分钟电脉冲数转变成与其成正比例的电位差进行记录形成的曲线。

46. 自然伽马仪探头：闪烁体单晶 NaI（TI）、光电倍增管和前置放大电路组装在一个不透明的密封外壳中形成的探头。

47. 计量器具：用于生产工艺、质量检测以及与生产质量密切相关的测量设备。

48. 兆欧表：一种专门用于测量电气设备绝缘电阻的便携式仪表。

49. 梯度电极系：根据电场中电位梯度分布特征研究岩层电阻率，是视电阻率法测井常用的一种电极系。其特点是成对电极之间的距离远小于不成对电极之间的距离。测量电极之间的电位差基本与成对电极之间的电位梯度成比例。成对电极在下部时，对应高电阻地层的底界曲线出现极大值，故称为底部梯度电极系；反之，称为顶部梯度电极系。根据梯度电极系曲线极大值，可准确地定出岩层界面。

50. 爆炸松扣：利用炸药爆炸时产生的冲击力冲击螺纹部分，使原本紧固的螺纹变得松动的操作。

51. 倒灰：桥塞坐封后，在桥塞的顶部倒上一定厚度的水泥，使之凝固以加强桥塞的封堵强度。

52. 点火记号深度：定位结束后，井下射孔器对准油层时，施工平面以下的电缆长度。

53. 井口高度：从套管头上端面至施工井口平面的垂直距离。

54. 点火上提值：通过井下测量仪器与地面控制仪器的

相互配合，准确地找到该次射孔的标准接箍，当磁性定位器记录点对准标准接箍时，井下射孔器并没有对准油层，需要上提一段已知的距离才能够使井下射孔器对准目的层，这段距离称为点火上提值。

55. 相邻两次之间点火记号丈量值：前一次射开的最浅油层顶部深度至后一次射开的最浅油层顶部深度之间的距离，或者是前次点火记号深度减去后次点火记号深度所得的数值。

56. 井下仪器零长：磁性定位器记录点至电缆零点之间的距离。

57. 射孔电缆零点：磁性定位器记录点向上 0.50m 处的位置。

58. 数控射孔仪实时深度：井下磁定位器记录点与方补心之间的距离。

59. 套补距：从套管头上端面至方补心平面的垂直距离。

60. 测井电缆零长：电缆头至电缆上第一个磁性记号之间的距离。

61. 滞后值：由于时间常数和测速的影响，放射性测井曲线与其他测井曲线产生的深度差值。

62. 标图：用深度比例尺，依据放磁图上的深度磁性记号（或横线）的深度值，标出射孔井段所用各套管接箍的深度和相应的套管长度的过程。

（二）问答

1. 如何安装射孔防喷器？

（1）检查防喷器的型号规格是否符合施工设计要求，零部件是否齐全紧固。

（2）检查防喷器钢圈槽及井口法兰钢圈槽是否完好无损，清洁钢圈槽上的污垢。

（3）井口法兰钢圈槽均匀涂上锂基脂润滑油。

（4）清洁并检查钢圈是否完好无损。

（5）双手将钢圈轻轻平放在井口法兰钢圈槽上，平衡加力使钢圈全部进入钢圈槽内，在钢圈上面均匀涂上锂基脂润滑油。

（6）抬起防喷器轻轻放在钢圈上面，使防喷器手轮与井口套管阀门成“十字”摆放，并轻轻转动防喷器使钢圈进入钢圈槽内。

（7）检查防喷器与法兰平面的间隙是否均匀，确认防喷器、法兰与钢圈槽完全配合紧密后，等距离对角戴上四条螺栓。

（8）反复开关防喷器检查手柄是否灵活好用，检查防喷器闸板密封胶皮是否密封，然后关闭防喷器。

（9）先对角等距离上平、上紧四条螺栓，然后上平、上紧、上满其余法兰螺栓。

2. 为什么禁止在已射孔的油气井井口附近吸烟和使用明火？

由于射孔后的油气井井内存在可燃油气，如果井口附近出现吸烟和使用明火，会发生火灾事故。

3. 现场联炮时应如何检查射孔器？

（1）根据联炮图检查次数牌上井号、次数，同时根据射孔通知单核对联炮图，检查弹型、弹数、孔密度以及枪管类型；并用米尺丈量油夹层长度。

（2）检查弹架导爆索保护帽是否松动，如有松动将保护帽取下，检查导爆索切断面药量是否缺失，如有缺失更换导爆索。

（3）检查弹架上的导爆索和射孔弹是否完整无损；射孔弹弹壳有无裂纹、变形，药型罩有无松动、裂纹、压痕，是否表面清洁；导爆索有无破损漏药情况；导爆索是否在射孔弹槽内，压环是否压紧导爆索；射孔弹聚能射流方向，不得缠有胶布并无其他异物。

（4）检查弹架上定位托盘是否装反，固定定位托盘的螺钉是否上紧，定位托盘上是否有定位销。

（5）检查枪身有无变形，枪体密封面与枪头、枪尾螺纹有无变形、划痕。

4. 如何检查中接扶正管的好坏？

（1）检查扶正管上顶丝与输出端的距离，距离应不小于 4cm。

（2）检查扶正管内弹簧片位置是否正确，应确保弹簧片在顶丝孔部位。

（3）用螺丝刀旋进顶丝并观察顶丝能否使弹簧片受力压缩。

5. 5 种常用的射孔弹型分别是什么？

5 种常用的射孔弹型：DP41RDX25-1、SDP45RDX45-1、DP44RDX39-5、SDP40RDX30-1 及 SDP45HMX39-1。

6. 为什么标准规定下井枪身要按下井顺序依次排列？

按下井顺序排列后不会发生联错、下错枪身的重大质量隐患，避免发生误射孔等恶性工程质量事故。

7. 防喷器压力等级的选用原则是什么？

原则上应不小于施工层位目前最高地层压力和所使用套管抗内压强度以及套管四通额定工作压力三者中最小者。

8. 中国石油天然气集团有限公司（以下简称集团公司）制定《石油与天然气井下作业井控规定》的目的是什么？

为做好井控工作，有效预防井喷、井喷失控、井喷着火或爆炸事故的发生，保证人身和财产安全，保护环境和油气资源。

9. 井控工作七项管理制度分别是什么？

（1）井控分级责任制度。

（2）井控操作合格证制度。

（3）井控装置的安装、检修、现场服务制度。

（4）防喷演习制度。

（5）井下作业队干部 24 小时值班制度。

（6）井喷事故逐级汇报制度。

（7）井控例会制度。

10. 地层流体侵入井内带来的变化有哪些？

（1）循环罐液面升高。

（2）修井液从井中溢出。

（3）循环压力下降，泵速增加。

（4）修井液性能发生变化。

（5）悬重增加。

11. 起下油管过程中如何发现溢流？

（1）起油管时，起出管柱体积大于灌注修井液体积。

（2）下油管时，下入井内管柱体积小于修井液返出井口的体积。

（3）停止起下作业时，出口管外溢。

12. 计量器具“四率”是什么？

计量器具的“四率”指配备率、完好率、受检率及使用率。

13. 为什么兆欧表的额定电压一定要与被测电气设备或线路的工作电压相适应？

如果选用的兆欧表额定电压太大，可能会对被测电气设备或线路造成损坏；太小，则会导致测量值不准。

14. 自然伽马仪的工作原理是什么？

不同的地层放射性物质含量不同，放射性物质衰变过程中发出的 γ 射线强度不同，当自然伽马仪经过地层时，γ 射线进入晶体，与晶体中的物质作用会产生闪烁光，闪烁光进入光电倍增管，在阴极激发出光电子，经光电倍增管逐级加速放大，在阳极形成放大的电流。经电路处理后，以电脉冲的形式通过电缆传输到地面仪器。

15. 磁性定位器的工作原理是什么？

磁性定位器是根据法拉第电磁感应定律制造而成的，由两块同极相对的磁钢中间放置一个线圈、外壳组成。根据法拉第电磁感应定律可知，磁性定位器在井下运动时，在质地均匀的油管、套管内，磁通量不发生变化，所以不会产生感应电动势，地面仪器也就接收不到磁性定位器的信号；当磁性定位器通过油管、套管接箍时，由于油管、套管连接处存在环形缝隙，相当于油管、套管内径突然增大，从而使磁回路中的磁阻突然增大，即磁通量发生了变化，因而产生了感应电动势：$\varepsilon=n\Delta\Phi/\Delta t$（$\varepsilon$——感应电动势，V；$\Delta\Phi$——磁通量变化，Wb；$\Delta t$——变化时间，s；$n$——线圈匝数）。

16. 伽马射线的单位“API”是什么意思？

在美国休斯敦大学建立的刻度井（称为标准刻度井）内装有三种不同的均匀放射性地层：上面为低放射性地层，用于屏蔽宇宙射线；中间为高放射性地层，混有 12ppm（12μg/g）的铀、24ppm（24μg/g）的钍和 4% 的钾，相当于北美大陆中部地区页岩的放射性平均值的 2 倍；底部是一层低放射性地层。在高低放射性地层的模拟地层中，仪器分别测得不同的计数率（脉冲 / 秒），以计数差值的 1/200 定义为一个 API 单位，通过该刻度可知北美大陆中部地区普通泥岩的读数大约为 100API 单位。

17. 井壁取心通知单包含哪些内容？

井壁取心通知单一般由勘探地质部门拟定下发，一般包含：（1）井号、井位。（2）钻井工程数据：钻井队别、补心高度、井深、钻头程序；表层套管和技术套管类别、尺寸及下入深度等。（3）钻井液性能数据：类型、密度、黏度、滤失量、pH 值、矿化度、电阻率等。（4）井壁取心数据：取心井段、层位、深度、取心颗数，要求到达井场时间等。

18. 增压装置的工作原理是什么？

增压装置连接在上级射孔枪尾部，下部与夹层油管相连。上级射孔枪将爆轰波传递至增压装置，使复合药燃烧，瞬间产生高温高压气体，将增压装置下部的活塞推出，高压作用在油管内的液体上并将压力传递到下级起爆器上，完成下层射孔作业。

19. 桥塞由哪些部件组成？

桥塞主要由上下卡瓦、上下锥体、密封胶筒、桥塞底座、上下保护销钉、双头脱断螺栓、桥塞主体等组成。

20. 高能气体压裂有哪些优点？适用于哪些作业？

高能气体压裂工艺技术具有成本低、施工简便、无须分层工具便能同时改造多个薄层、几乎不污染地层、可沟通更多的天然微裂缝等优点。其主要适用于：（1）油水井解堵。（2）新井射孔后的油气层改造。（3）水力压裂井的预处理——复合压裂。(4) 对于需要水力压裂的勘探井，进行高能气体压裂后，再根据产量和液体性质决定是否进行水力压裂。

21. 投灰筒主要由哪几部分组成?

投灰筒主要由倒灰筒和倒灰器组成，倒灰器包括剪切螺栓、内套筒开口、外套筒开口、挂钩、螺杆销和撞击头等。

22. 定位射孔的原理是什么?

射孔是在油气井下入套管固井后进行的，因此套管与目的层的相对位置是固定不变的，目的层与邻近它的套管接箍之间的相对深度差值可以通过简单换算得到。所以，只要能在套管中准确找到与某待射目的层邻近的某套管接箍(标准接箍)，实际上就等于找到了该待射目的层，只要移动一段已知的距离即可使井下射孔器对准目的层，这就是定位射孔的原理。

23. 定位结束后，具备哪些条件才能点火?

(1) 实际下井射孔器次数与施工设计相吻合。

(2) 实测下标差与施工设计下标差吻合，误差在±0.10m 以内。

(3) 射孔地面测量仪器数码管显示深度减去井口高度，再考虑滑轮误差后，与点火记号深度吻合，误差在 ±0.5m 以内。

(4) 实际上提值必须与施工设计上提值吻合，误差不超过 ±0.03m。

(5) 固标差允许误差范围：井深在 1500m 以内的井，误差是 ±1.00m；井深在 1500m 以上的井，误差是±1.50m。

(6) 相邻两次电缆变化值应在 ±0.30m 之内，否则应查出原因；变化值必须与相邻两次下井射孔器长短不同所产生的影响规律相一致。

（7）射孔队长、操作工程师及现场监督三方进行深度核实，确认无误。

24. 点火记号有何作用？

定位结束后，根据点火记号与定标点的相对位置与距离，可以间接地发现射孔施工过程中存在的电缆打结、深度传输系统故障、点火记号滑动、井位找错等重大质量隐患，防止发生误射孔事故。

25. 电缆变化是如何产生的？

（1）相邻两次电缆下速不同，定位时间长短不同，使电缆产生伸缩变化也不同。

（2）相邻两次下井射孔器长短及重量不同，电缆所产生的伸缩变化也不同。

（3）人为操作的失误也会使电缆变化超过规定的范围。

26. 相邻两次电缆变化误差超过规定范围的原因有哪些？

（1）两次电缆下速相差悬殊。

（2）两次下井射孔器长度相差悬殊。

（3）电缆打扭、打结。

（4）下井过程中井下落物。

（5）上一次起电缆时遇卡。

（6）点火上提值理论计算错误或实际上提错误。

（7）点火记号量错、用错或滑动。

（8）定标点移动或不与电缆运行方向垂直。

（9）信号显示不正常、失真、变形，造成选错、用错标准接箍主尖峰。

（10）标准接箍深度标错。

（11）深度传输系统故障。

27. 什么是固标差？

射孔首次施工定位结束后，当井下射孔器对准目的层时，电缆上的原点火记号应该在施工井口平面。如果点火记号不在井口平面上，而是距离施工井口平面有一定的距离，这段距离就是点火记号深度误差值，也称其为首次固标差。

28. 固标差是如何产生的？

产生固标差有三个射孔方面的原因：

（1）射孔电缆深度记号、磁性深度记号不准确以及测井其他误差的影响产生的；

（2）射孔电缆深度记号不准确以及首次施工时人为的操作误差引起的；

（3）测井深度误差与射孔深度误差共同影响产生的“固标差”。

29. 若固标差超范围，属于射孔队的原因可能有哪些？

（1）井位找错。

（2）射孔施工资料用错。

（3）电缆深度记号校错或校记号时与现场施工条件相差悬殊。

（4）校对电缆不及时，记号本身不准确，电缆伸长或缩短变化大。

（5）井口高度量错、首次丈量值算错与首次点火记号深度量错。

（6）电缆打结、打扭。

（7）射孔深度数据计算错。

(8) 点火记号滑动。

(9) 深度传输系统故障。

(10) 深井施工时滚筒上从未下过井的电缆下井后，长度伸缩变化大。

(11) 滑轮误差校对、设定不准。

30. 若固标差超范围，属于测井队的原因可能有哪些？

(1) 校对电缆不及时，深度记号本身不准确。

(2) 井口数据用错、算错。

(3) 深度零长算错、深度信号标错。

(4) 实际井号与图头井号不符。

31. 电缆打结的危害是什么？

(1) 如果不能准确判断出电缆打结而轻易点火射孔，会发生误射孔的恶性质量事故，影响公司形象，损坏公司利益。

(2) 处理打结不当易发生安全事故。

(3) 损坏电缆，造成经济损失。

(4) 影响生产进度。

32. 若电缆打结，定位曲线有何特征？

(1) 电缆绝缘破坏后曲线变乱，整条曲线较有规律地左右摇摆。

(2) 接箍信号提前来。

(3) 如果在3m以内打结，定位时没打死结，其特征是开始测量的接箍深度、标差长度较理论计算值偏深和偏长；如果在定位前打死结，测量标差正常，其特征是数码管读数、实时深度较正常时深，一般是打结几米，数码管读数、实时深度就较正常时深几米，固标差或电缆变化反应短。

(4) 打死结接近一组接箍且没有特殊接箍时，地面数控仪上深度都吻合，首次固标差或电缆变化反应正常。

（5）如果电缆打扭在 5m 以上，则固标差或电缆变化可能偏长几米，这可能是找错标准接箍造成的。

33. 电缆打结的原因是什么？

（1）井筒内因素：套管变形、结蜡、不清洁、有悬浮物，容易发生电缆打结。

（2）电缆因素：新电缆的捻力矩较大等，电缆下井过程中来不及破劲造成电缆打结。

（3）操作因素：人为因素，明知是新使用电缆或者是已经知道井筒内有问题，掌握不好下速或者是下速太快造成电缆打结。

34. 射孔施工不成功的主要原因有哪些？

（1）火工品质量原因。

（2）器材质量原因。

（3）人为的因素。

（4）施工环境、井筒影响。

（5）施工设计的因素。

35. 考虑滑轮误差和井口高度，数码管深度与点火记号深度不吻合的原因有哪些？

（1）接通深度马达不及时、不准确。

（2）数码管跳字、卡字。

（3）深度传输系统故障。

（4）冬季施工井口滑轮结冰或滑轮槽有污垢（反应数值均偏小）。

（5）深度方面的差错造成。

（6）射孔电缆深度记号在施工平面对零不准。

（7）射孔电缆深度记号用错。

（8）滑轮误差设置不准确。

（9）原始数据错误。

36. 测量标差超过规定范围（±10cm）的原因有哪些?

（1）计算标图时标图误差超过 ±5cm。

（2）井口滑轮误差测定不准确。

（3）冬季施工滑轮结冰。

（4）深度传输系统故障。

（5）电缆打结或电缆下速过快。

（6）标准接箍找错。

（7）井下仪器绝缘低或磁干扰大引起信号失真、认错信号。

（8）定位测量时井下有压力。

37. 什么是断爆返工?

在射孔现场施工时，由于诸多因素的影响，点火后造成井下射孔器部分炮弹发射、部分炮弹未发射的现象称为断爆返工。

38. 射孔施工设置定标点有何作用?

便于丈量点火记号深度、点火记号误差，方便绑解点火记号，减少点火记号滑动的概率，方便施工。

39. 电缆输送式射孔施工联炮图的划分原则是什么?

（1）由深至浅依次划分，有优化设计的按设计划分。

（2）按枪型控制枪长，每次长度不得大于 4m。

（3）一般情况下，夹层超过 3m 分次射孔。

（4）射开厚度大于 4m，分次下井。

（5）枪型、弹型、孔密、相位等不同要求的层段不能一次射孔。

40. 电缆输送式射孔施工标图的一般要求是什么？

（1）射孔首次标注 8 个接箍和 7 个套管，其余各次标注 3 个接箍和 2 个套管（即上标、标准接箍、下标）。

（2）所标注接箍深度和套管长度以米为单位，保留两位小数。标图视差不超过 0.05m。

（3）前一个接箍深度加套管长度必须等于后一个接箍深度。

（4）所有的井必须保证所标注的接箍可以正常测出。

41. 怎样选择标准接箍？

（1）所选标准接箍与待射油顶深度之间不应有另一个接箍存在。

（2）所选接箍深度 + 炮头长≥油顶深度 + 校正值。

（3）井底口袋浅，首次只能选取井中最深的那个接箍，定为该次射孔的标准接箍。

42. 如何校深？

（1）放磁曲线图与测井解释成果图深度大致对齐，套前套后曲线较大层、段必须对好。

（2）在射孔井段内选出多个分层界面清楚、对应性好的砂岩层或自然伽马尖峰。

（3）用比例尺量出所选砂岩层或尖峰在套后自然伽马曲线的深度值，然后用套后自然伽马深度减去套前测井解释成果图中对应的深度，即为该层的校正值。

（4）对以上所有单层校正值，选取 3 ～ 5 个最有代表性的值，平均后作为该井的校正值。

43. 如何以砂岩层的顶底界面确定对比层深度？

（1）所选层位应无高放射性邻层的影响。

⑵ 根据本井情况，选择厚度小于 3m 的砂岩层或薄致密层。

⑶ 在下套管前、后自然伽马曲线上有明显特征。

⑷ 砂岩层的对应性好，曲线形态一致，顶底界面显示清楚。

44. 取校正值的一般要求是什么？

⑴ 各对比层的深度校正值变化不超过 0.20m。

⑵ 两个对比层之间的深度应超过 20m（特殊井除外）。

⑶ 射孔井段单层校正值变化有明显规律，差值大于 0.20m 可分段取值，并在放射性校深卡上注明校正值的使用范围。

⑷ 井深不超过 1500m，校正值的绝对值不超过 2.5m；井深大于 1500m，校正值的绝对值不超过 3.5m。

二、HSE 知识

（一）名词解释

1. 静电：物体与物体之间紧密接触后分离，或者相互摩擦，发生了电荷转移，破坏了物体原子中的正负电荷的平衡而产生的电。

2. 触电：人体触及带电体或者带电体与人体之间闪击放电，或者电弧波及人体时，电流通过人体进入大地或者其他导体，这种情况就称为触电。

3. 跨步电压触电：当带电体接地有电流入地下时，电流在接地点周围土壤中产生电压降，人在接地点周围两脚之间的电压即跨步电压，由此引起的触电称为跨步电压触电。

4. 间距：保证必要的安全距离，防止触及或过分接近带电体，起防止火灾、防止混线、方便操作的作用。在低压工作中，最小检修距离不应小于 0.1m；在高压工作中，最小检修安全距离为 10kV 及以下不应小于 0.7m，10 ～ 35kV 不应小于 1.0m，35 ～ 110kV 不应小于 1.5m。

5. 保护接零：在正常情况下，将电气设备不带电的导电部分与低压配电网的零线连接起来，防止漏电发生触电事故。

6. 保护接地：在正常情况下，将电气设备不带电的导电部分与接地体连接起来，防止漏电发生触电事故。

7. 燃烧：可燃物与氧化剂作用发生的放热反应，通常伴有火焰、发光和（或）发烟现象。

8. 闪燃：可燃液体挥发的蒸气与空气混合达到一定浓度遇明火发生一闪即逝的燃烧，或者将可燃固体加热到一定温度后，遇明火会发生一闪即灭的现象。

9. 闪点：在一定条件下，液体挥发的蒸气与空气形成混合物，遇火源能够产生闪燃的液体最低温度。

10. 自燃：某些可燃物质在没有外部火源（火花、火焰）的情况下，由其本身内部的生物、物理或化学作用产生的热量并积蓄使温度不断上升，自然燃烧起来的现象。

11. 着火：可燃物质在空气中与火源接触，达到某一温度时，开始产生有火焰的燃烧，并在火源移去后仍能持续并不断扩大的燃烧现象。

12. 爆燃：物质发生变化的速度不断急剧增加，并在极短的时间内放出大量能量的现象。

13. 爆炸极限：当可燃气体、可燃液体的蒸气或可燃粉尘和空气（或氧气）均匀混合达到一定浓度范围时，遇到火源就会发生爆炸，这个浓度范围称为爆炸极限范围或爆炸极限。

14. 火灾： 在时间或空间上失去控制的燃烧所造成的灾害。

15. 冷却法： 将灭火剂直接喷洒在可燃物上，使可燃物的温度降低到自燃点以下，从而使燃烧停止。

16. 窒息法： 采取适当的措施，阻止空气进入燃烧区或用惰性气体冲淡、稀释空气中的含氧量，使燃烧物质因缺氧而熄灭的方法。

17. 隔离法： 将可燃物与助燃物、火焰隔离，控制火势蔓延的方法。

18. 抑制法： 将化学灭火剂喷入燃烧区参与燃烧反应，终止燃烧的链反应而使燃烧物停止燃烧的方法。

19. 高危作业： 高处作业、动火作业、进入受限空间作业、移动吊装作业、临时用电作业、挖掘作业、管线打开以及其他容易导致人员伤亡事故的作业等。

20. 作业许可： 通常是针对非常规作业和高危作业，采取的许可审批措施，实现对危害和风险的有效辨识、评估、沟通和遵守，从而保证作业过程的安全。

21. 高处作业： 在距坠落高度基准面 2m 及 2m 以上有可能坠落的高处进行的作业。

22. 受限空间作业： 在封闭或部分封闭，进出口较为狭窄有限，未被设计为固定工作场所，自然通风不良，易造成有毒有害、易燃易爆物质积聚或氧含量不足的空间作业。

23. 安全隐患： 生产经营单位违反安全生产法律、法规、规章、标准、规程、安全生产管理制度的规定，或者其他因素在生产经营活动中存在的可能导致不安全事件或事故发生的物的不安全状态、人的不安全行为和管理上的缺陷，从性质上分为一般安全隐患和重大安全隐患。

24. 危险源：可能造成人员伤害、职业相关病症、财产损失、作业环境破坏或其组合的根源或状态。

25. 风险：某一特定危害事件发生的可能性与后果严重性的组合，是特定事件发生的概率和可能危害后果的函数：风险 = 可能性 × 后果的严重程度。

26. 危险因素：能对人体造成伤亡或对物体造成突发性损坏的因素（强调突发性和瞬间作用）。

27. 危险区域：存有爆炸危险性气体或液体、蒸气与空气混合形成爆炸性气体混合物，当有引爆源时即可产生爆炸或燃烧的区域称为爆炸危险区域，简称危险区域。

28. 上锁 / 挂牌：在生产运行、检维修作业或其他作业过程中，为防止人员误操作导致危险能量和物料的意外释放（如计量工艺切换，防止阀门组误操作；维修离心泵，防止意外启动造成伤害；管网维修，防止管网内物料意外涌出等）而采取的一种对动力源、危险源进行锁定、挂牌的风险管控措施。

29. 应急预案：面对突发事件，如自然灾害、环境公害及人为破坏的应急管理、指挥、救援计划等。它一般应建立在综合防灾规划上。

30. 正压式空气呼吸器：在任一呼吸循环过程，面罩与人员面部之间形成的腔体内压力不低于环境压力的一种空气呼吸器。

31. 人体静电消除器：采用一种无源式电路，利用人体静电使电路工作，最后达到消除静电的目的。

32. 气体检测仪：一种气体泄漏浓度检测的仪器仪表工

具，主要利用气体传感器来检测环境中存在的气体种类和浓度。气体传感器主要用于检测气体的成分和含量。

33. 危险化学品：具有易燃、易爆、有毒、腐蚀、放射性等危险特性，在生产、储存、运输、使用和废弃物处置过程中极易造成人身伤亡、财产损失、污染环境的化学品。

34. 噪声：声强和频率的变化都无规律、杂乱无章的声音。

（二）问答

1. 哪些物质易产生静电？

金属、木柴、塑料、化纤、油制品等易产生静电。

2. 物质产生静电的条件是什么？

金属、木柴、塑料、化纤、油制品等在高温、高压、干燥的情况下易产生静电。

3. 为什么静电能将可燃物引燃？

因为可燃性气体及蒸气与空气混合的最小引燃能量为 0.009mJ，可燃性气体与氧气混合的最小引燃能量为 0.0002 ～ 0.0027mJ，粉尘的最小引燃能量为 5 ～ 60mJ，通常静电放出的电火花能量完全能引燃可燃物。

4. 防止静电有哪几种措施？

防止静电的措施：（1）增加湿度；（2）采用感应式静电消除器；（3）采用高压电晕放电式消除器；（4）采用离子流静电消除器；（5）采用防静电鞋；（6）采用防静电服经地面导电。

5. 消除静电的方法有哪几种？

消除静电的方法：（1）静电接地；（2）增湿；（3）加抗

静电添加剂；(4) 静电中和器；(5) 工艺控制法。

6. 人体触电的原因有哪些？

人体触电的原因：(1) 违规操作；(2) 绝缘性能差漏电，接地保护失灵，设备外壳带电；(3) 工作环境过于潮湿，未采取预防触电措施；(4) 接触断落的架空输电线或地下电缆漏电。

7. 触电分为哪几种？

触电主要分为单相触电、两相触电和跨步电压触电三种。

8. 触电现场急救方法主要有几种？

触电的现场急救方法主要有人工呼吸法、人工胸外心脏按压法两种。

9. 发生人体触电事故应该怎么办？

(1) 迅速切断电源；(2) 若无法立即切断电源时，用绝缘物品使触电者脱离电源；(3) 保持呼吸道畅通；(4) 立即拨打“120”急救电话，请求救治；(5) 如呼吸、心跳停止，应立即进行心肺复苏；(6) 妥善处理局部电烧伤的伤口。

10. 预防触电事故的措施有哪些？

预防触电事故的措施：

(1) 采用安全电压：把可能加在人身上的电压限制在某一范围之内，使得在这种电压下通过人体的电流不超过允许的范围。

(2) 保证绝缘性能：用绝缘材料把带电体隔离起来，实现带电体之间、带电体与其他物体之间的电气隔离，使设备能长期安全、正常地工作，同时可以防止人体触及带电部分，避免发生触电事故。

（3）采用屏护：屏护是指采用遮栏、围栏、护罩、护盖或隔离板等把带电体同外界隔绝开来，防止人体触及或接近带电体所采取的一种安全技术措施。

（4）保持安全距离：在带电体与地面之间、带电体与其他设施、设备之间、带电体与带电体之间保持的一定安全距离。

（5）装设漏电保护器：漏电保护器是一种在规定条件下电路中漏（触）电流（mA）值达到或超过其规定值时能自动断开电路或发出报警的装置。

（6）保护接地与接零：在中性点直接接地的低压电力网中，电力装置应采用低压接零保护。在中性点非直接接地的低压电力网中，电力装置应采用低压接地保护。

11. 安全用电的注意事项有哪些？

安全用电的注意事项：

（1）手潮湿（有水或出汗）时不能接触带电设备和电源线。

（2）各种电气设备，如电动机、启动器、变压器等金属外壳必须有接地线。

（3）电路开关一定要安装在火线上。

（4）在接、换熔断丝时，应切断电源。熔断丝要根据电路中的电流大小选用，不能用其他金属代替熔断丝。

（5）正确地选用电线，根据电流的大小确定导线的规格及型号。

（6）人体不要直接与通电设备接触，应用装有绝缘柄的工具（绝缘手柄的夹钳等）操作电气设备。

（7）电气设备发生火灾时，应立即切断电源，并用干粉灭火器灭火，切不可用水或泡沫灭火器灭火。

（8）高大建筑物必须安装避雷器，如发现温升过高，绝缘下降时，应及时查明原因，消除故障。

（9）发现架空电线破断、落地时，人员要离开电线地点 8m 以外，要有专人看守，并迅速组织抢修。

12. 燃烧可分为哪几类？

燃烧按发生瞬间特点的不同分为闪燃、着火、自燃、爆炸四种类型。

13. 燃烧必须具备哪几个要素？

燃烧必须同时具备可燃物、助燃物（氧化剂）和引火源三个要素，这三个要素中缺少任何一个，燃烧都不能发生或持续，阻断三要素的任何一个要素就可以扑灭火灾。

14. 火灾过程一般分为哪几个阶段？

火灾过程一般可分为初起阶段、发展阶段、猛烈阶段、下降阶段和熄灭阶段。

15. 扑救火灾的基本原则是什么？

（1）报警早，损失少。（2）边报警，边扑救。（3）先控制，后灭火。（4）先救人，后救物。（5）防中毒，防窒息。（6）听指挥，莫惊慌。

16. 灭火有哪些方法？

灭火方法有冷却法、窒息法、隔离法和化学抑制法。

17. 油气站库常用的消防器材有哪些？

油气站库常用的消防器材有泡沫灭火系统、室外消火栓、消防水带、正压式空气呼吸器、灭火器、消防桶、消防锹、消防沙、消防镐、消防钩、消防斧等。

18. 油田常用的灭火器有哪些？

油田常用的灭火器有泡沫灭火器、干粉灭火器和二氧化碳灭火器等。

19. 手提式干粉灭火器如何使用？适用于扑救哪些火灾？

使用方法：(1) 手提灭火器，把灭火器瓶体上下颠倒摇晃几次，让瓶内的干粉松动；(2) 拔掉保险销；(3) 在距离火焰 2 ～ 3m 处将灭火器的喷管对准火源；(4) 一只手握住喷管，另一手用力压下压把，喷出干粉即可。

适用范围：扑救各种易燃、可燃液体和易燃、可燃气体火灾，以及电气设备火灾。

20. 使用干粉灭火器的注意事项有哪些？

(1) 要注意风向和火势，不要逆风喷射，确保人员安全。(2) 操作时要保持竖直，不能横置或倒置，否则易导致灭火剂不能喷出。(3) 用干粉灭火器扑救流散液体火灾时，应从火焰侧面对准火焰根部喷射，并由近而远，左右扫射，快速推进，直至把火焰全部扑灭。(4) 用干粉灭火器扑救固体物质火灾时，应使灭火器嘴对准燃烧最猛烈处，左右扫射，并应尽量使干粉灭火剂均匀地喷洒在燃烧物的表面，直至把火全部扑灭。(5) 喷射时要始终压住压把保证干粉不间断，当火被扑灭后即可停止使用灭火器，抬起压把即可停止喷射。

21. 如何检查管理干粉灭火器？

(1) 放置在通风、干燥、阴凉并取用方便的地方。(2) 避免置于高温、潮湿和腐蚀严重的场合，防止干粉灭火剂结块、分解。(3) 每季度检查干粉是否结块。(4) 检查确认压力显示器的指针在绿色区域。(5) 干粉灭火器每三年做一次承压试验。(6) 灭火器一经开启必须再充装。

22. 如何报火警？

一旦失火，要立即报警，报警越早，损失越小。打电话时，一定要沉着。首先要记清火警电话“119”，接通电话后，要向接警中心讲清失火单位的名称地址、什么东西着火、火势大小，以及火的范围。同时还要注意听清对方提出的问题，以便正确回答。随后，把自己的电话号码和姓名告诉对方，以便联系。打完电话后，要立即派人到交叉路口等待消防车的到来，以利于引导消防车迅速赶到火灾现场。还要迅速组织人员疏散消防通道，消除障碍物，使消防车到达火场后能立即进入最佳位置灭火救援。

23. 加热炉发生火灾时如何扑救？

加热炉是长期连续在高温状态下运行的设备，由于炉管长期在高温下工作，炉管破裂是引起加热炉着火的主要原因。炉管破裂着火时，首先要紧急停炉，关闭事故炉的烟道挡板和所有风门、原油进出口阀门，打开事故紧急放空阀进行放空泄压，然后利用消防栓配合灭火器材进行灭火。如果火势较大，应拨打火警电话。

24. 油、气、电着火如何处理？

（1）切断油、气、电源，控制容器内压力，隔离或搬走易燃物。（2）刚起火或小面积着火，在人身安全得到保证的情况下要迅速灭火，可用灭火器、消防沙、湿毛毡、湿棉衣等灭火，若不能及时灭火，要控制火势，阻止火势向油、气方向蔓延。（3）大面积着火，或火势较猛，应立即报火警。（4）油池着火，勿用水灭火。（5）电器着火，在没切断电源时，只能用二氧化碳、干粉等灭火器灭火。

25. 压力容器泄漏、着火、爆炸的原因及削减措施是什么？

压力容器泄漏、着火、爆炸的原因：（1）压力容器有裂缝、穿孔；(2) 超压运行；(3) 安全附件、工艺附件失灵或与容器结合处渗漏；(4) 工艺流程切换失误；(5) 容器周围有明火；(6) 周围电路有阻值偏大或短路等故障发生；(7) 雷击起火；(8) 有违章操作（如使用非防爆工具、用具，穿戴非防爆劳保服装等）现象。

削减措施：(1) 压力容器应有使用登记和检验合格证；(2) 加强管理，消除一切火种；(3) 按压力容器操作规程进行操作；(4) 对压力容器定期进行检查和检验并有检验报告；(5) 工艺切换严格执行相关操作规程；(6) 严格执行巡回检查制度；(7) 确保防雷设施完好，定期测量接地电阻；(8) 定期检验安全附件。

26. 火灾事故“四不放过”处理原则的内容是什么？

(1) 事故原因分析不清不放过。(2) 事故责任者和群众没有受到教育不放过。(3) 事故责任者没有受到处罚不放过。(4) 没有整改措施不放过。

27. 加热炉点火时要做到的“三不点”指的是什么？

(1) 不检查不点。(2) 天然气无控制不点。(3) 火嘴、气管线漏气，炉膛内有余气不点。

28. 为什么要使用防爆电气设备？

有天然气、石油蒸气等可燃气体、液体、粉尘的场所，电气设备发生短路、碰壳接地、触头分离等情况，会产生电火花，可能引起爆炸，因此，在易燃易爆场所，必须使用防爆型电气设备。

29. 哪些场所应使用防爆电气设备？

在输送、装卸、装罐、倒装易燃液体的作业场所，在传输、装卸、装罐，倒装可燃气体的作业场所应使用防爆电气设备。例如，在石油蒸气聚集较多的轻油泵房、轻油罐间等场所使用的电动机、启动器、开关、漏电保护器、接线盒、插座、按钮、电铃、照明灯具等，都必须是防爆电气设备。

30. 防爆有哪些措施？

在爆炸条件成熟以前采取下述措施防爆：(1) 加强通风，降低形成爆炸混合物的浓度，降低危险等级；(2) 合理配备现代化防爆设备；(3) 采取科学仪器，从多方面监测爆炸条件的形成和发展，以便及时报警。

31. 防爆灯为什么能防爆？

防爆灯座和灯罩之间设有间隙和防爆面，灯内由爆炸产生的燃烧物经过间隙和防爆面即被冷却到安全限度以下，并能减弱灯内的爆炸压力点。灯外壳的散热装置和壳内隔热屏在工作时有良好的散热性能，使灯温不过高，达到防爆目的。

32. 高处作业级别如何划分？

高处作业分为四级（作业基准面高度用 h_w 表示）。(1) 一级高处作业：$2m \leqslant h_w < 5m$。(2) 二级高处作业：$5m \leqslant h_w < 15m$。(3) 三级高处作业：$15m \leqslant h_w < 30m$。(4) 特级高处作业：$h_w \geqslant 30m$。

33. 受限空间安全作业五条规定的内容是什么？

(1) 必须对受限空间作业场所进行辨识，并设置明显安全警示标志，严禁无方案和无防控措施作业。(2) 必须严格落实作业审批制度，严禁擅自进入受限空间作业。(3) 必须做到“先通风、再检测、后作业”，严禁通风、检测不合格作业。(4) 必须对作业人员进行安全培训，严禁培训不合格上岗作业。(5) 必须制定应急措施，现场配备应急装备，严禁盲目施救。

34. 登高巡回检查应注意什么？

（1）五级以上大风、雪、雷雨等恶劣天气，禁止登高检查；（2）禁止攀登有积雪、积冰的梯子；（3）2m 以上的登高检查和作业时必须系安全带。

35. 高处坠落的原因有哪些？

（1）扶梯、栏杆腐蚀、损坏，围挡缺损；（2）同时上梯人数超过规定；（3）冰雪天气操作时未做好防滑措施；（4）在设备上或临边作业操作时未佩戴安全带或安全带悬挂位置不合适。

36. 高处坠落的削减措施有哪些？

（1）做好防腐工作并定期检查；（2）一次上梯人数不能超过三人；（3）冰雪天气操作前做好防滑措施，可采用沙子防滑；（4）在设备上或临边作业操作时，应按规定佩戴安全带并选择合适位置。

37. 通常安全带的使用期限为几年？几年抽检一次？

安全带通常使用期限为3～5年，发现异常应提前报废。一般安全带使用 2 年后，按批量购入情况应抽检一次。

38. 使用安全带时有哪些注意事项？

（1）安全带应高挂低用，注意防止摆动碰撞，使用 3m 以上的长绳时应加缓冲器，自锁钩用吊绳例外；（2）缓冲器、速差式装置和自锁钩可以串联使用；（3）不准将绳打结使用，也不准将钩直接挂在安全绳上使用，应挂在连接环上用；（4）安全带上的各种部件不得任意拆卸，更换新绳时应注意加绳套。

39. 安全帽的使用期限为几年？

安全帽的使用期限是从产品制造完成之日计算，植物枝条编织帽不超过两年，塑料帽、纸胶帽不超过两年半，玻璃钢（维纶钢）橡胶帽不超过三年半，到期的安全帽要淘汰更新。

40. 如何佩戴安全帽？

安全帽的佩戴方法：(1) 安全帽在佩戴前，应调整好松紧度，安全帽内衬圆周大小调节到对头部稍有约束感，用双手试着转动安全帽，以基本不能转动，但不难受的程度，以不系下颏带低头时安全帽不会脱落为宜。(2) 安全帽由帽衬和帽壳两部分组成，帽衬必须与帽壳连接良好，同时帽衬与帽壳不能紧贴，应有一定间隙，该间隙一般为 2 ～ 4cm（视材质情况），当有物体附落到安全帽壳上时，帽衬可起到缓冲作用，不使颈椎受到伤害。(3) 要优先保护前额，因为大多数的失控和碰撞都是向前摔的，头盔前沿要压至眉头之上，不要露出额头。(4) 佩戴安全帽必须系好下颏带，当人体发生坠落或二次击打时，安全帽不至于脱落，能够起到对头部保护的作用。下颏带必须紧贴下颏，松紧以下颏有约束感但不难受为宜。(5) 应戴正，帽带系紧，帽箍的大小应根据佩戴的人头型调整箍紧。女生佩戴安全帽应将头发放到帽衬内。

41. 哪些原因容易导致机械伤害？

(1) 工具、夹具、刀具不牢固，导致工件飞出伤人；(2) 设备缺少安全防护设施；(3) 操作现场杂乱，通道不畅通；(4) 金属切屑飞溅；(5) 人员未规范穿戴劳保用品。

42. 为防止机械伤害事故，防护要符合哪些安全要求？

对机械伤害的防护要做到“转动有罩、转轴有套、区域有栏”，防止衣袖、发辫和手持工具被绞入机器。

43. 机泵容易对人体造成哪些直接伤害？

(1) 夹伤：在工作中使用工具不当时会夹伤手指。

（2）撞伤：在受到机泵的运动部件撞击时会造成伤害。

（3）接触伤害：当人体接触到机泵高温或带电部件时会造成伤害。

（4）绞伤：头发、衣物等卷入机泵的转动部件会造成伤害。

（5）冲击伤害：密封部位泄漏，高压液体刺伤。

44. 哪些伤害必须就地抢救？

触电、中毒、淹溺、中暑、失血等伤害必须就地抢救。

45. 外伤急救的步骤是什么？

外伤急救的步骤：止血、包扎、固定、送医院。

46. 有害气体中毒急救的措施有哪些？

（1）气体中毒开始时有流泪、眼痛、呛咳、眼部干燥等症状，应引起警惕，稍重时头昏、气促、胸闷、眩晕，严重时会引起惊厥昏迷。（2）怀疑可能存在有害气体时，应立即将人员撤离现场，转移到通风良好处休息，抢救人员进入危险区必须佩戴正压式空气呼吸器。（3）已昏迷病员应保持气道通畅，有条件时给予氧气吸入，呼吸心搏骤停者，按心肺复苏法抢救，并联系急救部门或医院。（4）迅速查明有害气体的名称，供医院及早对症治疗。

47. 烧烫伤急救的要点是什么？

（1）迅速熄灭身体上的火焰，减轻烧伤。（2）用冷水冲洗、冷敷或浸泡肢体，降低皮肤温度。（3）用干净纱布或被单覆盖和包裹烧伤创面，切忌在烧伤处涂各种药水和药膏。（4）可给烧伤伤员口服自制烧伤饮料，切忌给烧伤伤员喝白开水。（5）搬运烧伤伤员时，动作要轻柔、平稳，尽量不要拖拉、滚动，以免加重皮肤损伤。

48. 触电急救有哪些原则？

触电急救应坚持迅速、就地、准确、坚持的原则。

49. 触电急救的要点是什么？

（1）迅速切断电源。（2）若无法立即切断电源时，用绝缘物品使触电者脱离电源。（3）保持呼吸道畅通。（4）立即拨打“120”急救电话，请求救治。（5）如呼吸、心跳停止，应立即进行心肺复苏。（6）妥善处理局部电烧伤的伤口。

50. 如何判定触电伤员呼吸、心跳是否停止？

触电伤员如意识丧失，应在10s内用看、听、试的方法判定伤员的呼吸、心跳情况。

看：看伤员的胸部、腹部有无起伏动作。

听：用耳贴近伤员的口鼻处，听有无呼气声音。

试：试测口鼻有无呼气的气流，再用两手指轻试一侧（左或右）喉结旁凹陷处的颈动脉有无搏动。

若看、听、试后，既无呼吸又无颈动脉搏动，可判定呼吸、心跳停止。

51. 高处坠落急救的要点是什么？

（1）坠落在地的伤员，应初步检查伤情，不要搬动摇晃。（2）立即拨打“120”急救电话，请求救治。（3）采取初步急救措施（止血、包扎、固定）。（4）注意固定颈部、胸腰部脊椎，搬运时保持动作一致平稳，避免脊柱弯曲扭动加重伤情。

52. 如何进行口对口（鼻）人工呼吸？

在保持伤员气道通畅的同时，救护人员用放在伤员额上的手的手指捏住伤员鼻翼，救护人员正常吸气即可，无须深吸气，与伤员口对口紧合，在不漏气的情况下，应该持续吹气 1s 以上，保证有足够量的气体进入并使胸廓起伏。两次吹气后试测颈动脉仍无搏动，可判断心跳已经停止，要立即同时进行胸外按压。需要注意的是，过度通气（多次吹气或吹入气量过大）可能有害，应避免。触电伤员如牙关紧闭，可口对鼻人工呼吸。口对鼻人工呼吸吹气时，要将伤员嘴唇紧闭，防止漏气。

53. 如何对伤员进行胸外按压？

（1）救护人员右手的食指和中指沿触电伤员的右侧肋弓下缘向上，找到肋骨和胸骨接合处的中点。（2）两手指并齐，中指放在切迹中点（剑突底部），食指平放在胸骨下部。（3）另一只手的掌根紧挨食指上缘，置于胸骨上，找准正确按压位置。（4）救护人员的两肩位于伤员胸骨正上方，两臂伸直，肘关节固定不屈，两手掌根相叠，手指翘起，不接触伤员胸壁。（5）以髋关节为支点，利用上身的重力，垂直将正常人胸骨压陷 5 ～ 6cm（儿童和瘦弱者酌减）。（6）压至要求程度后，立即全部放松，但放松时救护人员的掌根不得离开胸壁。按压必须有效，有效的标志是按压过程中可以触及颈动脉搏动。

54. 心肺复苏法对操作频率有什么要求？

（1）胸外按压要以均匀速度进行，成人按压频率为至少每分钟 100 ～ 120 次，每次按压和放松的时间相等。（2）胸外按压与口对口（鼻）人工呼吸同时进行，节奏：单人抢救时，每按压 30 次后吹气 2 次（30 ∶ 2），反复进行。如双人或多人施救，应每 2min 或 5 个周期心肺复苏术（每个周期包括 30 次按压和 2 次人工呼吸）更换按压者，并在 5s 内完成转换。

55. 危害因素辨识中，物（设施）的不安全状态包括什么？

物（设施）的不安全状态包括可能导致事故发生和危害扩大的设计缺陷、工艺缺陷、设备缺陷、保护措施和安全装置的缺陷。

56. 危害因素辨识中，人的不安全行为包括什么？

人的不安全行为包括不采取安全措施、误动作、不按规定的方法操作，某些不安全行为所造成的危险状态。

57. 危害因素辨识中，管理缺陷包括什么？

管理缺陷包括安全监督、检查、事故防范、应急管理、作业人员安排、防护用品缺少、工艺过程和操作方法等管理的缺陷。

58. 可能造成职业病、中毒的劳动环境和条件有哪些？

可能造成职业病、中毒的劳动环境和条件包括物理因素（噪声、振动、湿度、辐射）、化学因素（易燃易爆、有毒、危险气体、氧化物等）以及生物因素。

59. 正压式空气呼吸器使用前的检查内容有哪些？

（1）检查气源压力：打开气瓶阀开关，观察高压表，要求气瓶内空气压力为 28 ～ 30MPa。

（2）检查整机系统气密性：打开气瓶阀开关，观察压力表的读数，稍后关闭。5min 内表压力下降不大于 4MPa 则表示系统气密良好。此过程中供气阀均应于关闭状态。

（3）检查残气报警装置：打开气瓶阀开关，稍后关闭。用掌心挡住出气口，按下供气阀开关，慢慢松开出气口让它缓慢排气，观察压力表指针的下降情况，当压力降至 5 ～ 6MPa 时，报警器应发出哨笛报警信号。

（4）检查全面罩的密封性：佩戴好全面罩，用手掌心捂住面罩接口处，深呼吸数次，感到吸气困难则证明面罩气密性良好。

（5）检查供气阀的供气状况：打开气瓶阀开关，佩戴好全面罩，将供气阀插入全面罩。深吸一口气，听到“啪”的一声，供气阀气门打开供气。深呼吸几次检查供气阀性能，吸气和呼气都应舒畅无不适感觉。屏住呼吸后关闭供气阀开关，面罩内有股连续气流正常供气，证明供气阀工作正常。

（6）检查完好状态：①背带和全面罩头带完全放松；②气瓶正确定位并牢靠地固定在背托上；③高压管路和中压管路无扭结或其他损坏；④全面罩的面窗清洁明亮。

60. 如何使用正压式空气呼吸器？

正压式空气呼吸器的使用方法：（1）将空气呼吸器气瓶瓶底向上背在肩上。（2）将大拇指插入肩带调节带的扣中向下拉，调节到背负舒适为宜。（3）插上塑料快速插扣，腰带系紧程度以舒适和背托不摆动为宜（首次佩戴前预先调节腰带两侧的三挡扣）。（4）将面罩两边的松紧带拉松。（5）把下巴放入面罩，由下向上拉上头面罩，将面罩两边的松紧带拉紧，使全面罩双层密封环紧贴面部。（6）将气瓶阀打开至少两圈，连接供气阀与面罩，深吸一口气将供气阀气门打开，呼吸几次感觉舒适后关闭手动开关。按下供气阀开关，检查有无连续的气流供应面罩。（7）呼吸正常，感觉舒适即可。

61. 如何使用四合一气体检测仪？

（1）检查准备：①检查仪器是否在有效期内。②检查电池电量是否充足，不充足时及时充电。③检查进气口气滤有无被杂物堵住，如堵住需清理干净或更换。

（2）开机操作：①按开 / 关机键并保持 5s，LCD 屏显示“ON”，屏亮仪器开机。待检测仪完成自检，听到蜂鸣器后确认仪器运行正常。②确认抽取新鲜空气，氧气指示值为 20.9%。③检测时，将探头靠近测试点区域，待测试值变化稳定后，读数并记录。一旦被测气体泄漏，浓度数值会变大，观察数值变化，超过额定最大值会发出警报声。④将检测仪远离检测区域，置于空气中，待 LCD 显示值恢复到空气中状态后，再拿至检测区域检测一次，并记录对比数据。⑤检测后，记录好相关检测数值。

（3）关机操作：按开 / 关机键不放，LCD 屏幕关闭。

第三部分 基本技能

操作技能

1. 安装电缆防喷器。

准备工作：

（1）人员准备：正确穿戴劳动保护用品，井口操作人员2名，佩戴护目镜、安全背带；指挥人员及司索穿好信号服。

（2）工（用）具准备：8lb（12lb）铜八角手锤1把（系尾绳），拆卸井口法兰螺栓敲击扳手2把（系尾绳），450mm活动扳手1把，200mm活动扳手1把，5mm（6mm）内六角扳手1把，防喷管活接头勾头扳手1把（系尾绳）。

（3）设备准备：吊车1台、指挥及吊车配备防爆对讲机2台。

操作程序：

（1）检查井口防喷器维修保养、使用记录，检查防喷器规格型号是否满足施工设计要求，检查转换法兰是否与井口法兰一致，检查上部是否与防喷设备扣型密封面一致。电缆防喷器下端密封面清洁并上好挡圈、O形密封圈，涂抹黄油。

（2）清理井口法兰钢圈槽内的污垢，将井口钢圈槽均匀涂上润滑油。清洁钢圈，双手托起钢圈轻轻放在钢圈槽上，平衡加力使钢圈落入钢圈槽内，在钢圈上面均匀涂上润滑油。

（3）清洁转换法兰钢圈槽上的污垢，上好吊装护帽，在护帽上系好牵引绳，指挥员指挥吊车将转换法兰轻轻放在法兰上面，井口操作人员轻轻转动转换法兰使钢圈进入防喷器钢圈槽内，观察电缆防喷器与法兰之间的间隙均匀且有足够的间隙，拆卸提升护帽。吊车将提升护帽移动到电缆防喷器附近备用。

（4）井口操作人员两人配合，一人背好下端敲击扳手，并拉紧上端敲击扳手尾绳。一人等距离对角上紧、上平 4 根法兰螺栓，然后上满、上紧、上平其余法兰螺栓。

（5）地面人员将电缆防喷器站架固定，并将固定螺栓或销卡锁定，绑扎好；用 200mm 扳手在地面将注脂组件、泄压组件连接到电缆封井器，关闭组件上泄压针阀，检查压力表检验标签是否在使用有效期内。接电缆防喷器液压三通管线，分别固定到电缆防喷器支撑架上，从注脂液控系统上牵引足够长的液控管线，按上下半封、全封正确对接；牵引足够长电缆防喷器注脂管线与注脂组件对接，检查端面 O 形密封圈，用 200mm 活动扳手、450mm 活动扳手上紧。

（6）地面功能测试：启动注脂液控系统，分别对上下半封、全封三道闸板进行开关试验，关闭时从上端观察孔观察闸板是否关闭到位并居中、开启是否到位、电缆防喷器内腔有无凸起。操作完成后释放液控管线内的液压。使用 5mm（6mm）内六角扳手检查连通阀内六角阀针是否处于关位，并进行一次开关试验。

(7) 绑扎液压管线与注脂管线，1 ～ 2m 进行一次绑扎。

(8) 待井口法兰与转换法兰连接完成后，司索将牵引绳绑在电缆防喷器支撑架下端对角，指挥人指挥吊车将提升护帽与电缆防喷器牢固连接，平稳移送电缆防喷器到转换法兰上端，地面人员依次牵引注脂、液控管线串到安全区域进行摆放，吊车对正后，缓慢下放到位，井口操作人员使用防喷管活接头勾头扳手将活接头上到位。

操作安全提示：

(1) 井口操作人员要用铜质手锤进行敲击，防止产生火花；安全背带高挂低用，确保安全。

(2) 提前清理井口周围的障碍物，油污、泥泞井口周围要采取防滑措施，注意观察周围地势和障碍物，避免人员跌倒、绊倒；工具系好尾绳，做好防掉固定措施。

(3) 泄压组件与桥式连通阀相连时，一定注意扳手用力方向，确保连通阀阀体不退扣。

(4) 转换法兰与井口法兰连接好后，两个端面应当有间隙，如果无间隙，可能造成钢圈变形量不够，试压失败。出现上述情况，一般是生产厂家的公差过大造成，应当更换厚度更大的钢圈重新敲击。

2. 装炮。

准备工作：

(1) 正确穿戴劳动保护用品。

(2) 工（用）具、材料准备：5m 或 10m 标准卷尺 1 把，胶锤 1 把，胶垫、不产生静电的刀片各 1 个，导爆索剪切钳 1 把，锁口钳 1 把，一字形螺丝刀 1 把，十字形螺丝刀 1 把，枪身止口防护装置 2 个，火工品运输车 1 辆，射孔弹架储存运输车 1 辆，警示标识 1 套，装炮操作台 1 套，滚动装炮操作台1个，射孔弹16发，导爆索1.5m，增效火药16个，射孔弹架1个，导爆索护帽2个，绝缘胶布1卷，透明胶布1卷，铅丝1把，用于做枪身牌的铁片（约4cm×5cm）1个，油漆笔1支，圆珠笔1支。

操作程序：

（1）队长组织召开班前会，开展现场工作安全分析，明确现场属地管理责任人，确定施工流程。

（2）确定装枪区域，设置安全警戒带，靠井场出口方向预留出入口并设置警示标识。

（3）领取射孔施工联炮图。

（4）准备好装炮所用工具。

（5）按射孔施工联炮图设计的种类和数量到保管组填写“装炮班领料登记”，登记项目有射孔弹、导爆索、增效火药的型号、数量，严格执行签字手续。

（6）领取装炮器材。

① 按“装炮班领料登记”中的型号和数量到火工品库房领取所需火工物品，每班至少由两名民爆物品保管员同时发放，与装炮工现场点清数量，做到准确无误。在保管员在场的情况下，用不产生静电的刀片划开封条，开封后应检查箱中射孔弹是否有缺少、损坏现象。

② 装炮工将火工品装在火工品运输车上运至装炮工房。

③ 将射孔弹（增效火药）摆放在射孔装炮操作台中间的凹槽内，将导爆索放在射孔装炮操作台一端的导爆索支架上。

④ 在枪身保管员的监督下，按射孔施工联炮图中配枪图标明的型号、规格和数量选取射孔弹架。

⑤ 装炮工把选取的射孔弹架装在射孔弹架运输车上

运至装炮工房，装运过程中要注意平衡，避免拖拉与地摩擦。

(7) 制作枪身牌。

用铅丝穿过制作枪身牌的铁片固定好，按照射孔施工联炮图的信息用油漆笔在一面写明井号，在另一面写清射孔次数，对特殊井给予注明，表面用透明胶布缠好，防止磨损后字迹不清。

(8) 检验装炮器材。

① 对所领射孔弹进行检验，检验内容：射孔弹型号、数量是否正确；射孔弹外观是否清洁，有无损坏、变形现象；射孔弹压环、药型罩有无松动、脱落现象。

② 对所领导爆索进行外观检验，检验内容：导爆索型号是否正确；导爆索外皮是否完好，表面有无油污、划痕和折伤，接头有无漏药、局部松散现象。

③ 对所领增效火药进行外观检验，检验内容：增效火药型号是否正确；增效火药外观是否清洁，有无损坏、变形现象。

④ 对所选射孔弹架进行检验，检验内容：射孔弹架规格、型号、相位是否正确；射孔弹架孔眼是否均匀，有无多孔、少孔现象；射孔弹架总长与其标准长度误差是否控制在规定范围内；射孔弹架定位销是否完好；射孔弹架两端的定位牌是否紧固。若发现问题，应及时更换。

(9) 射孔装炮。

坐弹式装炮：

① 依据射孔施工联炮图选取射孔弹架，将弹架放在滚动装炮操作台的滚轮上。

② 依据射孔施工联炮图检查枪身牌上的井号、次数，无误后挂在弹架的头部。

③ 导爆索的一端穿过弹架头部的导爆索穿孔，按要求预留导爆索长度。将射孔弹按射孔施工联炮图上的油夹层要求，用胶锤装入弹架相应孔内。高能复合射孔需要在射孔弹间安装增效火药。

压弹式装炮（常规 73 枪限流法射孔井装炮用）与坐弹式装炮方法类似，不同之处在于：

① 将选好的射孔弹架放在普通装炮操作台上，不用滚动装炮操作台。

② 装射孔弹时用胶垫垫起射孔弹装入弹架相应孔内。

③ 压弹式装炮的每发弹都要用胶布采用叉花方法缠牢。

（10）装炮自检。

装炮工对组装好的弹架进行自检，检验内容：

① 枪身牌上井号、次数是否与射孔施工联炮图相符。

② 射孔弹、增效火药、导爆索型号、数量是否与设计相符。

③ 弹架规格是否相符，定位销是否齐全，定位牌是否牢固，弹架总长误差是否在标准范围内。

④ 增效火药组装是否符合规定。

⑤ 油夹层厚度是否与射孔施工联炮图相符。

⑥ 导爆索是否被压紧在射孔弹导爆索槽内，且留出标准长度。导爆索两端的导爆索护帽或绝缘胶布是否脱落。

⑦ 胶布缠绕是否符合标准。射孔弹聚能射流方向，不得缠有胶布等异物。

操作安全提示：

（1）严禁携带火种、无线电通信设备进入作业现场；正确穿戴防静电工服。

(2) 进入火工品库房、装炮工房，所有人员必须先有效释放静电，防止火工品的爆炸。

(3) 装炮工房内严禁使用任何电子工具。

(4) 使用火工品时应轻拿轻放。

(5) 装炮施工过程中，验收员对装炮工房进行全程看管，闲杂人员或未穿防静电工服人员严禁入内。

(6) 严禁用金属物体敲击射孔弹，组装时要使用专用工具。

3. 拆卸采油树。

准备工作：

(1) 正确穿戴劳动保护用品。

(2) 工（用）具准备：工具箱 1 个，拆卸井口法兰螺栓专用工具 2 个，200mm 活动扳手 2 把。

操作程序：

(1) 打开采油树上半部阀门和套管阀门。

(2) 用拆卸井口法兰螺栓专用工具打好背钳，逆时针旋转将采油树法兰螺栓卸掉。

(3) 两人配合将采油树上半部抬下。

(4) 如果采油树上半部需要用绞车吊放，要确保专用吊装绳套与采油树上半部挂牢，必要时采取加固措施。

(5) 在采油树上半部的合适位置绑牢牵引绳套，人员远离井口到达安全距离后，示意绞车起吊采油树上半部。

(6) 绞车工操作绞车缓慢上提，与采油树下半部完全分开后，由指挥用牵引绳套把采油树上半部拉向垫布方向。

(7) 打手势示意绞车缓慢下放采油树上半部，把吊下来的采油树上半部放到铺有防油垫布的地面上。

⑻ 取下采油树钢圈，放置在井口附近铺有防油垫布的合适位置，将采油树法兰螺栓整齐摆放在防油垫布上。

⑼ 拧松补芯顶丝备帽及补芯顶丝，将补芯短节装到补芯上，活动补芯短节，取出补芯。

操作安全提示：

⑴ 拆卸井口螺栓过程中，管钳脱落容易造成人员扭伤、摔伤，因此管钳必须打牢，施工人员要密切配合，动作协调统一。

⑵ 采油树上半部抬放过程中，若配合失误，采油树上半部易跌落造成人员砸伤、扭伤。

⑶ 经过评估超重的采油树上半部，要使用绞车吊放，并注意挂好达到一定拉力要求的完好专用吊装绳套；禁止人员直接用手去扶采油树上半部，必须在起吊前用牵引绳套绑在采油树上半部的合适部位，牵引放在不妨碍施工的防油垫布上，牵引时人员必须离开危险区域，防止绳套拉断、脱落造成人员伤害；绞车工起电缆时必须仔细瞭望，看清专人指挥的手势，缓慢起吊，禁止猛起。

4. 上下井架穿棕绳扶正电缆头。

准备工作：

⑴ 正确穿戴劳动保护用品。

⑵ 工（用）具准备：棕绳 30m，安全带 1 卷，井口警示牌 1 个。

操作程序：

⑴ 严禁非施工人员进入井场，所有施工人员离开井口 5m 以外，检查棕绳、防坠器和安全带是否符合施工标准。

⑵ 员工甲系好安全带，连接好防坠器，锁环锁死，并携带棕绳上井架；上井架过程要求一只手抓横梁，另一只

手抓竖梁；员工乙在距井架 5m 以外，跟随上井架的速度为其理顺棕绳，严禁理顺棕绳的速度过快或过慢。

（3）员工甲上到井架顶部后将棕绳从绷绳下面穿过去，然后再从天车底部穿过往上绕过天车，将棕绳放置在天车滑轮槽内，将棕绳缓慢倒放到地面。

（4）员工乙根据棕绳的走向确定用棕绳哪端拴电缆头利于电缆的起下，用棕绳拴住电缆头底部并在电缆头 2/3 处打一活结。

（5）员工丙在距井口 5m 以外下拉棕绳另一端，向上提升电缆，当电缆头到天车附近时缓慢操作使电缆头顺利通过天车滑轮。

（6）员工甲在棕绳牵引电缆头过天车过程中，严禁用手扶棕绳、电缆和电缆头，发现不能顺利过天车或跳槽时，员工甲示意地面停止拉拽棕绳，天车滑轮静止后，将棕绳或电缆放在轮槽内。

（7）员工乙在距井口滑轮 5m 远以外正前方握住电缆使其在轮槽内并控制电缆头的下速，直到电缆头顺利放到地面。

（8）员工甲从井架上下来后，取下自锁式防坠器，解下安全带。

操作安全提示：

（1）风力大于五级、雷雨天气禁止操作。

（2）井口 5m 以内禁止站人。

（3）上井架过程中，若手、脚滑落，会从井架上跌落造成摔伤，须注意。

（4）若电缆头未拴牢，会使电缆头在提升过程中脱落砸伤施工人员，须注意。

（5）电缆头不能顺利通过天车或跳槽，用手去处理，易造成手指被挤伤。

（6）电缆头下速过快，会砸伤地面施工人员。

（7）在井架上，若手、脚滑落，会从井架上跌落造成摔伤，须注意。

5. 井口连接两支射孔器。

准备工作：

（1）正确穿戴劳动保护用品。

（2）工（用）具准备：提升短节 2 个，管钳 2 把，吊长 1 个，射孔器 2 个，插板 1 个，棉纱若干。

操作程序：

（1）选取提升短节，目测提升短节内扣有无伤痕、是否在检测有效期内，如不符合使用要求立即更换；用棉纱清洁提升短节。

（2）枪身在送枪车上时，提升短节清理干净后，连接到第一柱射孔器上端，并用管钳紧固。

（3）枪身不在枪身上而排在场地时，在井口与枪身之间摆放油管支架，摆放前检查油管支架有无裂痕、开焊或损坏部分，如有损坏要及时更换；油管支架基地应坚实、平稳。

（4）井口施工人员将待下井的枪身依次抬到油管支架上（油管支架排放枪身不得超过 4 支）。

（5）指挥作业机司钻平稳缓慢放下吊卡。

（6）施工人员拿住吊环两侧，使吊卡活门向上反扣在提升短节上，并锁紧活门销，确认活门销落入卡槽内。

（7）确认活门销落入卡槽内后，指挥作业机司钻缓慢平稳提起枪身，枪身吊起的过程中用绳套拽住枪身的尾部，使枪身尾部离开地面，将枪身平稳送至井口。

(8) 井口工接住枪身尾部，取下枪身尾部的绳套，两柱射孔枪对接前，将枪身先推离井口。

(9) 分别复查传爆管在上下扶正管内的位置，并检查中接密封圈、密封面、螺纹是否有损坏。

(10) 然后在中接密封圈处均匀涂抹适量锂基脂润滑油。

(11) 将枪身扶正，对正井口枪身的接头，指挥作业机司钻缓慢将枪身坐入接头内，作业机司钻操作要平稳轻放，避免损伤螺纹。

(12) 吊卡下放到提升短节中部，枪身对正后先用手上扣，拧不动后将一把管钳打在枪身的中间接头上，另一把管钳打在枪身适当位置顺时针旋转，将螺纹上满上紧。紧扣时观察提升短节，防止提升短节退扣，上扣时如发现有密封圈损伤要及时更换。

(13) 如两柱枪不能对准螺纹，禁止上井架扶枪身。用一根 10m 左右棕绳绑在游动滑车吊环上，对接上螺纹时由绞车工拉动棕绳来扶正枪身，使枪身能顺利对接。当游动滑车上下移动时，绞车工要及时收放棕绳避免棕绳伤人。

(14) 两柱枪身连接完毕，指挥作业机司钻将枪身吊起距井口约 30cm，抽出插板，指挥作业机司钻缓慢平稳下放射孔枪。

操作安全提示：

(1) 雷雨天气禁止操作。

(2) 枪身易造成碰伤、砸伤。

(3) 若吊卡销未插好或未绑扎到吊环上，易造成吊卡脱开。

（4）若吊卡活门没关上，易造成枪身从吊卡中脱离枪身掉井，造成人身伤害。

（5）严禁把手放在插板和井口法兰面之间，按规程扣好吊卡。

（6）作业机司钻要听从井口施工人员的手势指挥，下放管柱要平稳，严禁猛提、放、顿。

（7）对接中接时，手要远离中接。

（8）枪身支架放置要平稳，防止倒塌砸伤。

（9）管钳没背住易扭伤腰。

（10）遇有雷雨、大风、沙尘暴、暴雨等恶劣天气时停止施工，并采取紧急避险措施。

6. 拆卸防喷器。

准备工作：

（1）正确穿戴劳动保护用品。

（2）设备、工（用）具：井口防喷器 1 台，井口螺栓 11 条、螺母 11 个，拆卸井口法兰螺栓专用工具 1 套，吊装带 1 套。

（3）材料准备：采油树 1 个。

操作程序：

（1）先观察井口有无异常，无异常则留下等距离对角 4 条法兰螺栓，卸掉其他法兰螺栓。

（2）观察井口有无异常，无异常则将余下 4 条法兰螺栓卸掉。

（3）清洁防喷器上的污垢，进行简单的保养。

（4）与配合人员将防喷器抬放到值班车，并将其闸板关上。如果防喷器需要用吊车吊放，专用吊装绳套要挂在防喷器手柄内侧并确保挂牢，必要时采取加固措施，在防喷器的合适位置绑牢牵引绳套，人员远离井口后，吊装指挥人员示意吊车起吊防喷器，吊车司机操作吊车缓慢上提，与下部采油树完全分开后，由班长用牵引绳套把防喷器拉向值班车方向，吊装指挥人员打手势示意绞车缓慢下放防喷器，把吊下来的防喷器平稳放到值班车上。

操作安全提示：

（1）选择合理部位抬放防喷器。

（2）提前清理井口周围的障碍物，冰雪泥泞井口周围要采取防滑措施，注意观察周围地势和障碍物，避免人员跌倒、绊倒。

（3）动作协调统一，防止砸伤。

（4）经过评估超高、超重的防喷器，要使用吊车吊放，并注意挂好达到一定拉力要求的完好专用吊装绳套；禁止人员直接用手去扶防喷器，必须在起吊前用牵引绳套绑在防喷器的合适部位，牵引时人员必须离开危险区域，防止绳套拉断、脱落造成人员伤害。

（5）绞车工起电缆时必须仔细瞭望，看清手势，缓慢起吊，禁止猛起。

7. 安装采油树。

准备工作：

（1）正确穿戴劳动保护用品。

（2）工（用）具准备：采油树上半部 1 个，钢圈 1 个，活动扳手 2 个。

操作程序：

（1）清理井口法兰钢圈槽内的污垢，将井口钢圈槽均匀涂上锂基脂润滑油。

（2）清洁钢圈，双手托起钢圈轻轻放在钢圈槽上，平衡加力使钢圈全部进入钢圈槽内，在钢圈上面均匀涂上锂基脂润滑油。

（3）清洁采油树上部钢圈槽上的污垢。

（4）如果采油树上半部需用绞车吊放，专用吊装绳套与采油树上半部要确保挂牢，必要时采取加固措施，在采油树上半部的合适位置绑牢牵引绳套。

（5）人员远离井口后，班长示意绞车司机起吊采油树上半部，绞车司机操作绞车缓慢上提，班长指挥井口工用牵引绳套把采油树上半部拉向井口方向。

（6）班长打手势示意绞车司机缓慢下放采油树上半部，平稳放到井口法兰平面上。

（7）按要求方向，坐好采油树，确认采油树上部、钢圈、钢圈槽、法兰紧密后，等距离对角上紧、上平 4 条法兰螺栓。

（8）上满、上紧、上平剩余法兰螺栓，先关闭上半部阀门，再关闭套管阀门。

操作安全提示：

（1）雷雨天气禁止操作。

（2）防止工具落入井内。

（3）提前清理井口周围的障碍物，冰雪泥泞井口周围要采取防滑措施，注意观察周围地势和障碍物，避免人员跌倒、绊倒。

（4）经过评估超重的采油树上半部，要使用绞车吊放，并注意挂好达到一定拉力要求的完好专用吊装绳套；禁止人员直接用手去扶采油树上半部，必须在起吊前用牵引绳套绑在采油树上半部的合适部位，牵引放在不妨碍施工的防油垫布上。

(5) 牵引时人员必须离开危险区域，防止绳套拉断、脱落造成人员伤害。

(6) 选择合理部位抬放采油树上半部。

(7) 密切配合，动作要协调统一。

(8) 绞车工起电缆时必须仔细瞭望，看清手势，缓慢起吊，禁止猛起。

(9) 遇雷雨、大风、沙尘暴、暴雨等恶劣天气时停止施工，并采取紧急避险措施。

8. 分析与计算油管输送式射孔 CCL（磁）定位深度调整值。

准备工作：

(1) 正确穿戴劳动保护用品。

(2) 工（用）具、材料准备：计算器 1 个，A4 纸 2 张，记录笔 1 支。

操作步骤：

(1) 判断管柱调整方向：根据油标记号和套标记号在电缆上的相对位置判断管柱调整方向。

① 油标记号浅于套标记号为下放管柱调整。

② 油标记号深于套标记号为上提管柱调整。

③ 当油标记号与套标记号在原井口平面重合时，井下射孔器已经对准油层，不需要调整管柱。

(2) 计算枪身第一发弹上界面与最浅油顶之间的距离。

根据套标记号与油标记号之间的距离，写出计算枪身第一发弹上界面与最浅油顶之间的距离的公式：

① 下放距离 = 油、套标记号之间的距离 +（吊卡长度 + 油管接箍长度）。

② 上提距离 = 油、套标记号之间的距离 −（吊卡长度 + 油管接箍长度）。

③ 根据已知数据计算井下枪身第一发弹上界面与最浅油顶之间的距离。

(3) 计算实际配短节总长度。

按照施工标准，点火前要安装好采油树上半部，写出计算实际配短节总长度的公式：

(1) 下放实际配短节总长度 = 调整管柱长度 - 油管挂长度 -（吊卡长度 + 油管接箍长度）。

(2) 上提实际配短节总长度 = 起出油管长度 - 调整管柱长度 - 油管挂长度 -（吊卡长度 + 油管接箍长度）。

(4) 配置短节。

根据实际配短节总长度配置短节与接箍。

(5) 根据施工标准简述管柱调整过程。

下放调整：

① 将所有配置好的短节、接箍、变扣放置在一起，在地面连接上紧，丈量总长度在标准规定的误差范围之内。

② 启动作业机，将调整短节吊起后与吊卡上面的油管箍连接上紧，在将油管挂与短节连接上紧，将油管挂坐进井口内。

③ 按标准安装好采油树上半部，投棒起爆时要打开套管阀门泄压。

上提调整：

① 首先起出一根油管，丈量其长度，然后根据公式计算实际配短节总 长度：

实际配短节总长度 = 起出油管长度 - 调整管柱长度 - 油管挂长度 -（吊卡长度 + 油管接箍长度）。

② 将所有配置好的短节、接箍、变扣放置在一起，在地面连接上紧，丈量总长度在标准规定的误差范围之内。

③ 将调整短节吊起后与吊卡上面的油管箍连接上紧，再将油管挂与短节连接上紧，将油管挂坐进井口内。

④ 按标准安装好采油树上半部，投棒起爆时要打开套管阀门泄压。

(6) 收拾工具、清理场地。

操作安全提示：

(1) 连接短节时管钳备钳要打牢固。

(2) 抬短节时注意脚下防滑。

(3) 井口连接时注意安全，防止管钳打伤。

(4) 将短节下入井内时操作要平稳、速度要慢，防止速度太快造成接箍刮碰井口导致管串掉井。

(5) 采油树要安装牢固、密封良好，防止点火射孔后刺漏。

(6) 投棒起爆时要打开套管阀门泄压，防止憋爆井口。

(7) 投棒后未起爆，必须打捞出棒杆后再起管柱。

(8) 压力起爆时，距井口及高压设备 30m 之内禁止有人；在井口、设备压力未释放的情况下禁止任何人到井口或高压设备区域。

(9) 点火后撤离井场前要关闭好采油树各道阀门。

9. 检测便携正压式空气呼吸器。

准备工作：

(1) 正确穿戴劳动保护用品。

(2) 工（用）具、材料准备：300mm 活动扳手 1 把，F 形扳手 1 把，黄油、擦拭布若干，记录纸 2 张，记录笔 1 支。

操作程序：

(1) 检查全面罩的镜片、系带、环状密封、呼气阀、吸气阀是否完好，与供给阀的连接位置是否正确牢固。全面罩的各部位要清洁，不能有灰尘或被酸、碱、油及有害物质污染，镜片要擦拭干净。

（2）检查中压导管是否老化、有无裂痕、有无漏气处，它和供给阀、快速接头、减压器的连接是否牢固、有无损坏。

（3）通过供给阀的杠杆轻轻按动供给阀膜片组，使管路中的空气缓慢排出，当压力下降至 4~6MPa 时，余压报警器应发出报警声，并且连续响到压力表指示值接近零时。否则，就要重新校验报警器。

（4）检查压力表有无损坏，连接是否牢固。

（5）检查供给阀的动作是否灵活、是否缺件，与中压导管的连接是否牢固、是否损坏，供给阀和呼气阀是否匹配。带上呼气器，打开气瓶开关，按压供给阀杠杆使其处于工作状态。在吸气时，供给阀应供气，有明显的“呲呲”响声。在呼气或屏气时，供给阀停止供气，没有“呲呲”响声，说明匹配良好。如果在呼气或屏气时供给阀仍然供气，可以听到“呲呲”声，说明不匹配，应校验正压式空气呼气阀的通气阻力，或调换全面罩，使其达到匹配要求。

（6）检查气源压力表能否正常指示压力。

（7）检查背具是否完好无损，左右肩带、左右腰带缝合线是否断裂，背带、腰带是否完好、有无断裂处等。

（8）检查气瓶及其组件的固定是否牢固，气瓶与减压器的连接是否牢固、气密。

（9）打开瓶头阀，随着管路、减压系统中压力上升，会听到气源余压报警器发出的短促声音；瓶头阀完全打开后，检查气瓶内的压力，应为 28 ～ 30MPa。

（10）检查整机的气密性，打开瓶头阀 2min 后关闭瓶头阀，观察压力表的读数变化，压力表的示值 5min 内的压力下降不超过 2MPa 表明供气管系高压气密性好，否则，应检查各接头部位的气密性。

（11）检查全面罩和供给阀的匹配情况，关闭供给阀的进气阀门，佩戴好全面罩吸气，供给阀的进气阀门应自动开启。

（12）检查全面罩与面部贴合是否良好并气密，方法：关闭空气瓶开关，深吸数次，将空气呼吸器管路系统的余留气体吸尽。全面罩内保持负压，在大气压作用下全面罩应向人体面部移动，感觉呼吸困难，证明全面罩和呼气阀有良好的气密性。

（13）根据使用情况定期进行上述项目的检查。空气呼吸器不使用时，应每月对上述项目进行一次检查。

（14）背好气瓶，调整腰带、肩带，戴好面罩，打开气瓶阀门，接上呼吸阀，深吸一口气，能够呼吸到氧气，操作完毕。

（15）收拾工具，清理现场。

操作安全提示：

（1）搬动、背气瓶时要小心操作，防止跌落砸伤。

（2）佩戴便携式正压式空气呼吸器前，应将前额的头发捋起来，面罩不要压在头发丝上。

10. 标定、检测自然伽马组合仪。

准备工作：

（1）正确穿戴劳动保护用品。

（2）设备准备：自然伽马仪标定检测装置 1 台，自然伽马仪 1 台，运行于 Windows7 操作系统软件系统，主机必须有两个串行通信口（配置一台 USB 或并口打印机）。

操作步骤：

（1）连接自然伽马仪与标定检测系统的输出端子（采用单道信号输出方式）。

（2）连接好后，在标定校验装置的接线面板上，将橡胶插头与缆芯相对位置连接好（即 GR-1，地 - 地）。

（3）确定各连接位置接好后，打开系统总电源，然后依次打开各测量面板、供电面板、计算机示波仪、电源。

（4）调节供电旋钮，给自然伽马仪供电，将电压调至 50V，电流调至 100mA。

（5）计算机启动后，双击桌面“仪器检测”图标，程序启动，在对话框输入密码后按确定。

（6）出现的主页面点击“开始校验”按钮，再点击主菜单上的“GR 检测刻度（G）”子菜单，出现检测页面。

（7）开始刻度前，首先要将有关参数设置好，点击“参数设置”按钮，出现参数设置页面，按标准填入必要的参数。

（8）设置完参数后，将校验装置的测量面板的脉冲选择按钮按到脉冲串位置，将刻度选择按钮按到本底位置。

（9）然后按对话框的“采集数据”按钮，程序自动按照设定的采集时间和采集点数记录数据。

（10）设定本底刻度挡采集完毕后，将刻度按到“有源”位置，操作同（9），继续采集有源情况下的刻度数据。

（11）采集完两挡刻度数据后，按“计算结果”按钮，程序自动计算出刻度系数、脉冲幅值、脉冲宽度、净计数率等数据，显示于相应的文本框中。如果需要重新刻度，可按

“清除数据”按钮，清除掉旧的数据。

(12) 计算好结果数据后要将结果数据永久保存，按“保存结果”按钮将结果数据存入伽马仪刻度结果库中。

(13) 在刻度的过程中，可以按“捕捉曲线”按钮将当前看的GR曲线暂时保存到内存中，当按下“打印”按钮时，结论数据和捕捉的曲线可一并打印出来。

操作安全提示：

(1) 搬动仪器时注意安全，防止脱落砸伤。

(2) 使用管钳等工具拆卸时，管钳要打住，防止打突扣被管钳伤害。

(3) 带电作业要严格按国家有关带电作业安全操作规程操作。

11. 计算油管输送式射孔GR-CCL（自然伽马-磁）定位返工补炮施工数据。

准备工作：

(1) 正确穿戴劳动保护用品。

(2) 工（用）具、材料准备：1∶200比例尺1把，铅笔1支，碳素笔1支，完井工艺方案设计1份，校深单1份，放磁测井曲线原图1份，射孔数据计算空白报表1张，返工情况登记本1本。

操作程序：

(1) 核实返工情况：返工层位、已射开小层数、未射开小层数、已发射总弹数、未发射总弹数、返工补炮井段、返工油顶深度。

(2) 检查核实该井返工深度计算所需的完井工艺方案设计、测井放磁组合曲线图、综合解释成果图等原始资料，校深单、油管输送式射孔GR-CCL定位射孔深度计算数据报表、施工联炮图、施工设计等资料。

（3）计算已发射油夹层之和。

① 写出计算已发射油夹层之和的公式：

已发射油夹层厚度之和 = 射开油层厚度 + 夹层厚度。

② 计算已发射油夹层之和。

（4）计算返工油顶深度。

① 写出计算返工补炮油顶深度的公式：

返工补炮油顶深度 = 原油顶深度 + 已发射油层厚度之和 + 夹层厚度之和。

② 计算返工补炮油顶深度。

（5）根据返工最浅油顶深度确定是否使用原来选定的标志层、辅助标志层；如果需要重新选择标志层，需要计算及标注标志层深度。

（6）计算理论短标距。

① 写出理论短标距计算公式：

理论短标距 =（油顶深度 + 校正值）- 预计炮头长 - 标志层深度。

② 计算理论短标距。

（7）计算实际短标距。

① 写出实际短标距计算公式：

实际短标距 =（油顶深度 + 校正值）- 标志层深度 - 实际炮头长。

② 计算实际短标距。

（8）填写射孔深度数据计算报表。

（9）复查所有返工深度数据。

（10）设计返工联炮图。

① 选配射孔枪。

② 计算每柱枪的长度。

③ 标注井号、枪身编号，标注起爆器位置，标注需要使用的安全接头、延时起爆装置、死接头、增压装置位置。

④ 标注中接长度；标注每支枪的长度、弹数、射开厚度和夹层厚度，用横线标注射开层位。

⑤ 夹层长度不小于 30m 时采用分级起爆，并在联炮图上画出夹层管柱，注明夹层长度。

⑥ 计算射开层、夹层总长度。

（11）填写火工品领取明细表。

① 选取返工需要的火工品。

② 填写火工品规格、型号。

③ 填写领取数量。

（12）收拾工具，清理现场。

操作安全提示：

操作过程中产生的各种垃圾和废弃物要分类存放，妥善处理。

12. 拆装与维修钻进式井壁取心器井下仪。

准备工作：

（1）正确穿戴劳动保护用品。

（2）设备准备：钻进式井壁取心器 1 套。

（3）材料准备：密封油 1 桶，硅脂 1 盒，C150 和 C68 液压油各 1 桶，高温胶带 1 卷，焊锡丝 1 卷，16A、3A、5A 熔断管各 5 只、专用密封圈 1 套。

（4）工具准备：数字万用表 1 块，150mm 一字形螺丝刀 1 把，150mm 十字螺丝刀 1 把，150mm 尖嘴钳 1 把，钟表螺丝刀 1 套，25W（要考虑高温焊锡丝）电烙铁 1 把，专用压线钳1套，300mm 管钳 2 把，紧固平衡管拆卸工具 1 套，专用钻头弯钩 1 套，液压节拆卸工具 1 套，U 形工具 1 套，公制六角扳手 1 套。

操作程序：

(1) 拆装钻进式井壁取心器井下仪。

① 给下井仪器通电，把推靠置“靠”的位置。

② 关闭电动机电源。

③ 释放蓄能器的储能，并确保导轨上盖板对准拆卸孔。

④ 卸下马笼头、电子节。

⑤ 卸下液压节上的二十四芯高压密封头。

⑥ 放出液压油。

⑦ 依次卸下机械节的导轨、导板、液压马达、外壳。

⑧ 拉出液压系统，平稳放在工作台上。

(2) 维修钻进式井壁取心器井下仪。

① 检查液压马达转动是否正常。

② 检查二十四芯高压密封头密封部件是否完好、是否密封良好。

③ 检查导板是否正常。

④ 检查液压油管路是否畅通、有无损坏漏油现象。

⑤ 检查心长传感器等部件是否有损伤、变形和渗漏，顶丝是否紧固、齐全。

(3) 收拾工具、清理现场。

操作安全提示：

(1) 带电操作时要严格执行国家关于带电作业有关操作规程，防止发生触电事故。

(2) 搬动、挪动工具、设备等时要注意安全，防止砸伤。

(3) 操作时及时回收废弃物，注意保持场地的清洁，不要造成环境污染。

13. 计算油管输送式射孔 CCL 定位返工补炮施工数据。

准备工作：

（1）正确穿戴劳动保护用品。

（2）工（用）具、材料准备：1 ：200 比例尺 1 把，铅笔 1 支，碳素笔 1 支，完井工艺方案设计 1 份，校深单 1 份，放磁测井曲线原图 1 份，射孔数据计算空白报表 1 张，返工情况登记本 1 本。

操作程序：

（1）核实返工情况。

核实返工层位、已射开小层数、未射开小层数、已发射总弹数、未发射总弹数、返工补炮井段、返工油顶深度。

（2）核实所需的资料。

① 完井工艺方案设计；

② 测井放磁组合曲线图；

③ 放射性校深单；

④ 油管输送式射孔 CCL 定位射孔深度计算数据报表；

⑤ 施工联炮图；

⑥ 施工设计等资料。

（3）计算已发射油夹层之和。

① 写出计算已发射油夹层之和的公式。

已发射油夹层厚度之和 = 射开油层厚度 + 夹层厚度。

② 计算已发射油夹层之和。

（4）计算返工油顶深度。

① 写出计算返工补炮油顶深度的公式：

返工补炮油顶深度 = 原油顶深度 + 已发射油层厚度之和 + 夹层厚度之和。

② 计算返工补炮油顶深度。

（5）选择标准接箍。

① 根据返工最浅油顶深度确定是否使用原来选定的标准接箍。

② 根据返工最浅油顶深度确定是否需要重新标图（7组接箍）。

③ 根据标准接箍选取原则，选择补炮标准接箍。

按照标准接箍+炮头长≥油顶深度+校正值的原则选择每次射孔施工的标准接箍。

（6）计算返工补炮点火上提值。

① 写出计算公式：

返工补炮点火上提值=标准接箍深度+预计炮头长-（返工油顶深度+校正值）。

② 计算返工补炮点火上提值。

（7）计算返工补炮点火记号深度。

① 写出计算公式：

返工补炮点火记号深度=（返工油顶深度+校正值）-（预计炮头长+仪器零长+套补距）。

② 计算返工补炮点火记号深度。

（8）设计返工补炮施工联炮图。

① 选配射孔枪；

② 计算每柱枪的长度；

③ 标注井号、枪身编号，标准起爆器位置，标准需要使用的安全接头、延时起爆装置、死接头、增压装置位置。

④ 标注中接长度，标注每支枪的长度、弹数、射开厚度和夹层厚度，用横线标注射开层位。

⑤ 夹层长度不小于30m时采用分级起爆，并在联炮图上画出夹层管柱，注明夹层长度。

⑥ 计算射开层、夹层总长度。

(9) 填写火工品领取明细表。

① 选取返工需要的火工品；

② 填写火工品规格、型号；

③ 填写领取数量。

(10) 计算返工补炮首次丈量值。

① 写出计算公式：

返工补炮首次丈量值 = 返工补炮点火记号深度 + 井口高度 - 固定深度记号深度。

② 计算返工补炮首次丈量值。

(11) 计算油管（油标）标准接箍深度。

① 写出油管标准接箍深度计算公式：

油管标准接箍深度 =（油顶深度 + 校正值）- 实际炮头长。

② 计算油管标准接箍深度。

(12) 计算油管标准接箍上提值。

① 写出计算油管标准接箍上提值公式：

油管标准接箍上提值 = 预计炮头长 - 实际炮头长。

② 计算油管标准接箍上提值。

(13) 计算预下管柱深度。

① 写出预下管柱深度计算公式：

预下管柱长度 =（油顶深度 + 校正值）+ 井口高 - 套补距 - 实际炮头长。

② 计算预下管柱深度。

(14) 填写返工补炮计算数据报表。

(15) 确定管柱调整值。

① 丈量套标记号与油标记号之间的实际距离，即调整管柱长度（丈量前先将油标记号统一到作套标记号时的井口平面，现场常用此种方法确定调整管柱长度）。丈量套标记号与油标记号之间的距离，可能出现下列三种调整管柱情况：

a. 套标记号深（靠近绞车方向），油标记号浅（靠近井口方向），说明预下管柱下浅了，应下放管柱调整。

b. 油标记号深（靠近绞车方向），套标记号浅（靠近井口方向），说明预下管柱下深了，应上提管柱调整。

c. 当两个记号在同一井口平面重合时，此时井下枪身已经对准油层，管柱不动。两个记号在同一井口平面重合是指油标记号与作套标记号的井口平面重合，而不是在吊卡上面的油管头上重合。如果在油管头上作油标记号时，套标记号也在油管头上，二者是在油管头上重合，这两个标记不在同一个井口平面，而是差一个吊卡加油管箍长度。此时井下枪身并没有对准油层，而是在油层以上 0.33m，即将油标记号下移到作套标的井口平面上时，套标记号靠近绞车方向（即套标记号深），油标记号靠近井口方向（即油标记号浅），这种情况下放 0.33m 才能使枪身对准油层。

② 正常管输井，即新井、补孔井都要在坐封井口后点火，所以出现油标记号与作套标记号的井口平面重合的情况，需要先起出一根油管，丈量其长度，用此长度减去井口平面以上的吊卡长度、油管箍长度和油管挂长度，得出的差值则为配置短节的长度。

③ 管柱调整值和方向确定后，实际管柱调整长度均为油标记号已经统一到作套标记号的井口平面上的长度。

④ 实际短节长度均按坐封井口配置，短节配置完成后丈量总长度，与实际调整值相比误差应在 ±5cm。

（16）配置短节。

（17）填写射孔深度数据计算报表。

（18）复查所有返工深度数据。

（19）收拾工具，清理现场。

操作安全提示：

（1）操作过程中产生的各种垃圾和废弃物要分类存放，妥善处理。

（2）配置、连接短节时注意安全，防止短节砸伤或管钳打伤。

（3）短节下井时要匀速、慢下，不能刮碰井口。

（4）点火前安装好采油树，做好防喷、防污染工作。

（5）井口加压点火前，现场无关人员全部撤离到安全地带，距井口及高压区域 30m 之内严禁有人。

（6）投棒点火前，要将套管阀门打开。如起爆器未点响，首先打捞出棒杆，在枪身起出井口前，先拆除起爆器。

14. 操作钻进式井壁取心器取心。

准备工作：

（1）正确穿戴劳动保护用品。

（2）工具、量具、材料准备：500 型万用表 1 块，500V 兆欧表 1 块，10m 钢卷尺 1 把，细砂纸 1 张，细棉纱若干。

（3）装卸和运输取心器。

① 下井仪器的推靠臂和液压马达应收回至安全位置，卸下电子节和储心筒，并装上保护罩。

② 装卸电子节和液压机械节时，应平稳操作。

③ 下井仪器应固定在减震机架上，地面控制面板应装入专用运输箱内。

（4）取心器的工作环境及使用条件。

① 下井仪器耐温 150℃，耐压 80MPa。

② 地面控制面板环境温度应为 10 ～ 35℃，相对湿度小于 80%，操作室应铺设绝缘地板，用电设备要设置专用地线。

③ 井场应配有 380V±20V（交流）、50Hz±2Hz 的三相交流电源。如果使用发电机，发电机功率应大于 8kW。

④ 配接六芯或七芯测井电缆，缆芯对地绝缘电阻值应大于 500MΩ。

⑤ 井眼内井液应性能稳定，含砂量小于 0.5%，漏斗黏度为 25 ～ 50mPa · s，滤失量小于 8mL，滤饼厚度小于 0.5mm。

⑥ 取心前井液已静止 8h 以上时，应先通井循环井液，循环井液不少于三个循环周。

⑦ 取心井段内井壁规则，井下无落物，井眼畅通。

⑧ 适用于井径为 160 ～ 320mm，井斜角小于 10° 的情况。

⑨ 集流环绝缘电阻值大于 500MΩ，最高工作电压为 1500V（交流），最大工作电流大于 10A。

⑩ 马笼头绝缘电阻值大于 500MΩ，最高工作电压为 800V（交流），最大工作电流为 6A。

（5）液压油型号不同，适用工作温度也不同，应根据取心井井温要求需要及时更换。

① C32 号液压油适用地面温度为 0℃，井下温度为 60℃以下。

② C68 号液压油适用地面温度为 25℃，井下最高温度为 107℃。

③ C150 号液压油适用地面温度为 40℃，井下最高温度为 150℃。

④ 液压系统必须充满油，不允许有空气，否则下井仪器会灌入钻井液使仪器报废。

(6) 下井仪器在取心井中的运行速度应符合如下要求：

① 下井仪器的下放及上提速度应小于 2000m/h。

② 自然伽马测量速度应与完井自然伽马测速一致。

③ 下井仪器进入技术套管前 100m 时，其上提速度应小于 600m/h。

(7) 取心器使用前的准备。

检查与连接：

① 地面控制面板各开关、旋钮应置于下列安全位置。

“推靠”开关置于“收”，“钻头”开关置于“退”，“马达”开关置于“停”，“电机电压调节”旋钮指向“0 ”。

② 下井仪器各螺纹、顶丝应齐全完好，密封面、插头座无损伤、无污物，连接后无松动。

③ 连接高压输出插头、集流环、侧井电缆与马笼头。

④ 对接马笼头与电子节、电子节与机械节，O 形密封圈无损伤、无形变，其表面应涂上硅脂。

⑤ 安装储心筒，心长传感器的十字头应在储心筒轨道外。

通电检查：

① 接通配电盘总开关和控制面板电源，指示灯亮。

② 环境温度超出液压油工作温度下限范围，造成电动机启动电流过大时，把“短缆 - 长缆”开关置于“短缆”位

置，“220V/240V”开关置于220V，先用短缆把地面控制面板和下井仪器连接起来，利用液压系统自身发热使液压油温度升至安全启动温度后，再用长缆配接下井仪器，这是低温启动的一种方法，如仍不能启动，可用加热器加热后再启动。

③ 用数字万用表在“高压输出”插头处测量各缆芯间的电阻值，应符合要求。

④ 下井仪器电子线路部分供电可依据不同电缆长度扳动地面控制面板（后面板）的供电开关。电缆长度小于3000m时，开关置于220V；电缆长度大于3000m时，开关置于240V。

⑤ 观察显示“窗口”显示的“瓶内温度”“γ计数”“大泵压力”“小泵压力”“心长”“应答”“钻井位置”数字，并记录各数字，同时按动“γ计数”按钮开关，观察其γ计数是否连续可调。

⑥ 上述检查正常后，把“短缆－长缆”开关置于“长缆”，再按动“电机通”开关，旋转“电机电压调节”启动电动机，带动液压泵工作。若观察到“小泵压力”10s内显示数字不上升，说明电动机供电相位反相，此时应先按“电机停”开关，再关掉总电源，将配电盘上的换相开关换相后，再次接通总电源，按下“电动机通”开关启动电动机，小泵压力应明显上升。

⑦ 电动机通电瞬间，“电机电流”表指示应大于6A，这时应迅速调节“电动机电压调节”旋钮，观察电压表，电压逐渐升高，电动机电流逐渐下降至6A以下，说明电动机正常工作。如果升高电压电流不下降，说明电动机工作不正常，应立即断电查明原因后再启动电动机（可用重复数次启

动的方法使电动机正常运转，每次启动通电时间应小于 3s，以免烧坏熔断管）。

⑧ 电动机启动后应寻找电动机工作点，方法：旋转“电机电压调节”旋钮，升高电压，观察面板上电压、电流表的变化，当电流表电流指示值随电压升高而下降到一定数值后又随电压继续升高时，此点即为电动机的工作点，加在电动机上的线电压额定值为 710V。

⑨ 停电机后依次扳动“推靠”“钻头”“马达”三开关，“电磁阀电流表”显示 1.2 ～ 1.8A 时，说明三个电磁阀工作正常，而后将上述三个开关复位；再次启动电动机，使推靠臂推出，推心杆收回，钻进到位，停电动机，释放蓄能器能量后安装钻头（必须拧紧）。钻头装好后，启动电动机，使钻退到位，收回推靠臂，停电动机，关掉总电源。

⑩ 检查液压部件，如有漏油现象应及时排除。

操作程序：

（1）连接高压输出插头引线、集流环、测井电缆与马笼头，用兆欧表在高压输出插头处测量各缆芯对地之间的绝缘电阻值，应大于 500MΩ，而后对接下井仪器。

（2）自然伽马测井校深。

① 对自然伽马仪通电刻度。

② 在取心井段跟踪测量自然伽马曲线，与完井自然伽马曲线对比校深，计算取心深度，将钻头对准取心位置（借助井径曲线，避开井径不规则位置）。

（3）旋转“电机电压调节”至刻度盘 50 的位置，再按要求启动电动机，从“电机电压”“电机电流”表上读出电压和电流数后再旋转“电机电压调节”旋钮，使电动机处于工作点电压（电动机电压等于电压表读数减去电缆上的电压降）。

（4）推靠小泵压力达到最大值后将“推靠”开关置于“靠”的位置，小泵系统中控制推靠缸和推心缸的电磁换向阀换向，推靠缸的活塞杆推出，同时推心缸的活塞杆（即推心杆）从钻头中收回至推心缸内；当“小泵压力”升高的第一信号到来时，说明主推靠臂推靠好，推心杆收回，当“小泵压力”升高的第二信号到来时，说明两个副推靠臂推靠好，可准备钻进取心。

（5）钻取岩心。

① 在电动机电流小于2.5A后，把“马达”开关置于“转”的位置，大泵系统中控制液压马达的电磁换向阀换向，关闭旁路油口，大泵系统压力升高，驱动液压马达转动。

② 再次找工作点，并使电压高出工作点10 %左右，然后把“钻头”开关置于“进”的位置，控制“钻进控制缸”的电磁换向阀换向，“钻进控制缸”的活塞杆收回，同时带动液压马达和钻头一起沿导板设定的轨迹运动，改变姿态对正井壁。这时把“马达”开关置于“停”的位置，观察“钻进位置”显示数上升至80左右（即为钻头前端刚接触井壁位置，可防止钻头蹩钻），再迅速把“马达”开关置于“转”的位置，使钻头旋转着钻入地层。在钻进的同时，“位移传感器”的测量杆被拉动，其位移量被送到地面控制面板显示器显示，监视钻进过程。

（6）当钻进到预定位置时，把“马达”开关置于“停”的位置，钻头停止转动，马达尾部按设定轨迹自行上翘，把岩心折断，折下的岩心被钻头内的卡簧抱住。

（7）把“钻头”开关置于“退”的位置，“钻进控制缸”

的活塞杆推出，带动导板向反方向运动，液压马达连同钻头一起复位。

(8) 收推靠臂和推心。

把“推靠”开关置于“收”的位置，主辅推靠臂依次收回，同时推心杆同步伸出，把钻头内的岩心推入储心筒中。在岩心被推动的过程中，推心杆带动一个直线电位器来检测岩心的长度，并在地面控制面板“心长”显示器上显示，当显示数字小于 60 时，说明没有取到岩心，当显示数字大于 60 时，说明已取到岩心，并能计算出岩心长度。

(9) 重复上述步骤钻取其余岩心。应注意：如果两颗岩心相距 0.5m 以内时，可采用交叉换位法进行取心。

(10) 取心完毕，下井仪器提出井口后，用清水清洗干净。

(11) 检查钻头和卡簧的磨损程度，可继续使用的要用清水冲洗干净、烘干后涂上防锈油。

(12) 整理取心资料，将岩心交给地质员，并索要岩心描述结果，交给绘解室。

(13) 收拾工具，清理现场。

操作安全提示：

(1) 在测量绝缘前后要将测量线放电，操作者的手不可以触及各个无绝缘的接线点，保证人员及设备安全。

(2) 检查螺纹要戴手套，防止螺纹划伤手。

(3) 带电操作时要严格执行国家关于带电作业的有关操作规程，防止发生触电事故。

(4) 搬动、挪动工具、设备等注意安全，防止砸伤。

(5) 操作时注意保持场地的清洁，不要造成污染。

15. 设计油管输送式射孔施工优化方案。

准备工作：

(1) 正确穿戴劳动保护用品。

(2) 资料准备：完井工艺方案设计，放－磁测井曲线原图，测井综合解释成果图。

(3) 工具、材料准备：500mm 比例尺 1 把，铅笔 1 支，碳素笔 1 支，A4 打印纸若干。

操作程序：

(1) 识别完井工艺方案设计。

对照完井工艺方案设计将施工所用基础数据识别出来，并填写到基础数据表中。

(2) 设计井下管柱结构。

① 根据井况特征，设计井下管柱结构。

② 优化设计起爆方式。

(3) 设计起爆装置销钉数量。

① 计算起爆器受环形空间的静水压力 p，确定井口加压安全值 $p_{安}$。

② 计算最小、最大单销钉剪切值。

③ 计算最大销钉数量 N（取整数）。

(4) 计算井口加压值。

① 写出井口最大、最小加压值计算公式。

a. 根据通知单确定压力起爆装置所处位置的垂直深度 h，确定井内液体密度 ρ，重力加速度 g，从而得到静液柱压力：

$$p_0=\rho gh$$

b. 确定压力起爆装置所处位置的温度 t。特殊井由相关部门提供，常规井利用温度公式计算：

$$t=0.04h+0.5$$（结果四舍五入）

c. 根据温度 t 查剪切强度－温度曲线得到剪切销值随温度降低百分率 Δ，不同生产厂家的曲线不同，如图 1 和图 2 所示。

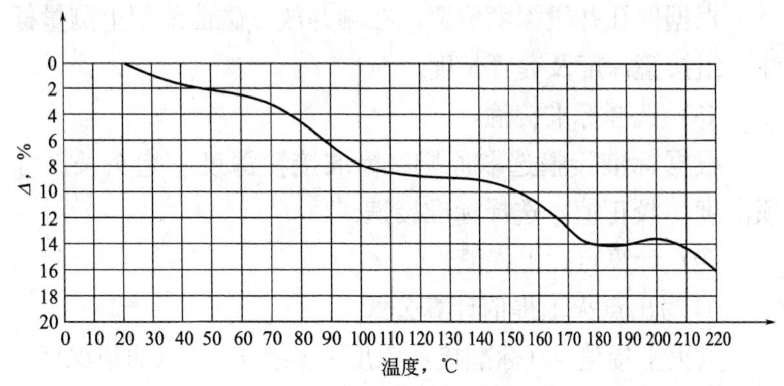

图 1　213 所压力起爆器剪切强度－温度曲线

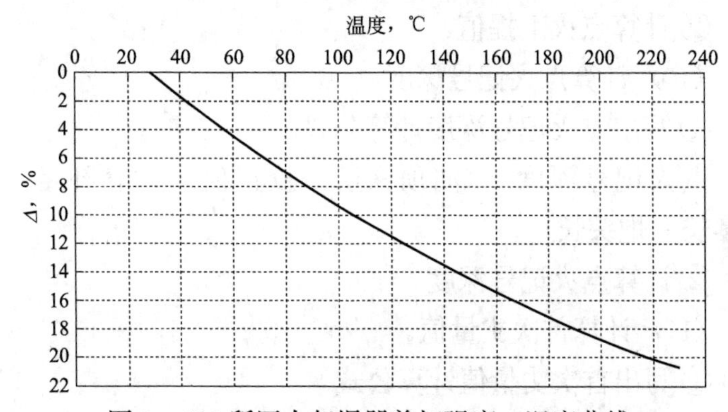

图 2　692 所压力起爆器剪切强度－温度曲线

② 计算井口最大加压值和最小加压值。

（5）设计施工联炮图。

依据完井工艺方案设计，根据射孔深度计算工序指导书的要求，设计施工联炮图。

(6) 放射性校深。

利用测井放－磁曲线图、测井综合解释成果图的伽马尖峰进行校深，求出校正值。

(7) 标图。

根据射孔井段深度位置，在测井放－磁曲线图上测量标注 7 组接箍深度及套管长度。

(8) 选择标准接箍。

根据标准接箍选取原则（标准接箍深度＋炮头长≥油顶深度＋校正值）选择标准接箍。

(9) 计算点火上提值。

① 写出点火上提值计算公式。

点火上提值＝（标准接箍深度＋炮头长）－（油顶深度＋标正值）

② 计算点火上提值。

(10) 计算点火记号深度。

① 写出点火记号深度计算公式。

点火记号深度＝（油顶深度＋校正值）－（套补距＋仪器零长＋炮头长）

② 计算点火记号深度。

(11) 计算首次丈量值。

① 写出首次丈量值计算公式。

首次丈量值＝首次点火深度＋井口高－固定记号深度

② 计算首次丈量值。

(12) 填写射孔深度数据计算报表。

(13) 填写火工品领取明细表。

(14) 收拾工具、清理现场。

操作安全提示：

（1）操作过程中产生的各种垃圾和废弃物要分类存放，妥善处理。

（2）配置、连接短节时注意安全，防止短节砸伤或管钳打伤。

（3）短节下井时要匀速、慢下，不能刮碰井口。

（4）点火前安装好采油树，做好防喷、防污染工作。

（5）井口加压点火前，现场无关人员全部撤离到安全地带，距井口及高压区域 30m 之内严禁有人。

（6）投棒点火前，要将套管阀门打开。如起爆器未点响，首先打捞出棒杆，在枪身起出井口前，先拆除起爆器。

16. 编制特殊井射孔施工设计。

准备工作：

（1）正确穿戴劳动保护用品。

（2）资料准备：完井工艺方案设计，放 - 磁测井曲线原图，测井综合解释成果图。

（3）工具、材料准备：500mm 比例尺 1 把，铅笔 1 支，碳素笔 1 支，A4 打印纸若干。

操作程序：

（1）了解完井工艺方案设计内容：地区、井号、井别、套补距、完井方式、射孔枪型、射孔弹型、传输方式、孔密、相位、定向方位、完井液密度及用量、射孔层段、射开厚度、夹层厚度、弹数、射孔施工要求等。定位方式、起爆方式、井口点火封井方式、火工品数量、射孔器材数量。

（2）填写基础数据表。

① 根据完井工艺方案设计和井眼轨迹图确定每次下井

射孔井段；确定射孔枪、射孔弹、导爆索、传爆管、起爆器、增压装置、延时装置、安全装置等器材的型号；

② 根据目的层温度，选择射孔器内使用火工品的耐温指标：目的层温度在100℃（含100℃）以下，使用耐温120℃/48h系列的火工品；目的层温度在100～150℃，使用耐温160℃/48h系列的火工品；目的层温度在150～180℃，使用耐温200℃/48h系列的火工品。识别井况：井径、阻流环深度、垂深、井眼轨迹、井斜情况等。

(3) 设计井下管柱结构。

① 根据井况特征，设计井下管柱结构。

② 设计施工联炮图。

(4) 设计油管传输联炮图，原则：

① 夹层长度不小于30m，要分级。

② 划分油层时，尽量划分1m以上大油层。

③ 起爆器以下需用8m左右安全枪。

④ 水平井夹层厚度大于15m，用油管连接。

⑤ 定方位射孔夹层用枪连接。

(5) 设计、计算起爆装置销钉数量及井口加压值。

① 西安213所压力起爆器、压力开孔起爆器的最大销钉数量计算及井口加压值计算。

最大销钉数量：

$$n=(p_{安}+p_0)/p_{单\,min}\text{（向上取整得}N\text{）}$$

$$p_0=\rho gh$$

$$p_{单\,min}=\tau\times(1-4.5\%)\times(1-\varDelta)$$

式中 $p_{安}$——安全压力，MPa；

p_0——液柱静压力，MPa；

h——压力起爆装置所处位置的垂直深度，m；

ρ——井内液体密度，kg/cm^3；

g——重力加速度，取 $9.8m/s^2$；

$p_{单min}$——在某温度下单销最小剪切值，MPa；

τ——单销常温剪切值，取 3.09±(1-4.5%)；

Δ——剪切强度随温度降低的百分数（见温度曲线）。

$$p_{单max}=\tau\times(1+4.5\%)$$

$p_{单max}$——在某温度下单销最大剪切值，MPa。

井口加压值计算：

$$p_{min}=Np_{单min}-p_0$$

$$p_{max}=Np_{单max}-p_0$$

② 川南机械厂压力起爆器、压差起爆器的最大销钉数量计算及井口加压值计算。

压力起爆器最大销钉数量计算方法：

$$n=(p_0+p_{安})/p_{单min}\text{（向上取整得 }N\text{）}$$

$$p_{单min}=\tau\times(1-5\%)\times(1-\Delta)$$

式中　$p_{单min}$——某温度下单销最小剪切值，MPa。

τ——单销常温剪切值，取 3.67×(1±5%)MPa；

Δ——剪切强度随温度降低的百分数（见温度曲线）。

$$p_{单max}=\tau\times(1+5\%)\times(1-\Delta)$$

式中　$p_{单max}$——某温度下单销最大剪切值，MPa。

压力起爆器井口加压值计算方法：

$$p_{min}=Np_{单min}-p_0$$

$$p_{max}=Np_{单max}-p_0$$

压差起爆器最大销钉数量计算：

a. 确定压差起爆器的垂直深度 h_1，则套管内液体产生的压力：

$$p_1=\rho gh_1$$

b. 确定测试阀的垂直深度 h_2。

c. 确定套管内液体的垂直深度 h_3，则油管内液体产生的压力：

$$p_2=\rho gh_3+\rho g\times(h_1-h_2)$$

d. 活塞受到的压力：

$$p=p_1-p_2$$

e. 确定压差起爆器所处位置的温度 t。

f. 根据温度 t 查温度曲线，得到剪切强度随温度降低的百分数 $\varDelta$。

g. 查剪切销合格证，得到单销常温剪切值 S_0。

h. 计算实际剪切值：

$$p=p_0\times(1-\varDelta)$$

单销最小剪切值：

$$p_{单\,min}=p\times(1-5\%)$$

单销最大剪切值：

$$p_{单\,max}=p\times(1+5\%)$$

i. 计算最大销钉数量（安全加压 p_0）：

$$n=(p+p_0)/p_{单\,min}\text{（向上取整得 }N\text{）}$$

j. 计算井口加压最大值（MPa）：

$$p_1=(np_{单\,max})-p$$

计算井口加压最小值（MPa）：

$$p_2=(np_{单\,min})-p$$

（6）设计射孔工艺参数。

① 设计深度定位方式：根据测井放－磁曲线图上的自然伽马曲线尖峰幅度情况可选择自然伽马－磁定位方式，也可选择磁定位方式。

② 设计井口点火封井方式：井口上面安装半封封井器封住油套环空，油管上面连接旋塞阀。

③ 设计起爆方式。

不同井别起爆装置的选择方式见表 1。

表 1　不同井别起爆装置的选择

<table>
<tr><th>井别</th><th>井况</th><th>起爆装置</th></tr>
<tr><td rowspan="3">新井</td><td>1. 单级起爆</td><td>防砂撞击起爆装置</td></tr>
<tr><td>2. 多级起爆</td><td rowspan="2">压力起爆装置</td></tr>
<tr><td>3. 井斜角大于 30°</td></tr>
<tr><td rowspan="4">补孔井</td><td>1. 单级起爆</td><td>1. 防砂撞击起爆装置
2. 投棒开孔起爆装置</td></tr>
<tr><td>2. 井斜角大于 30°</td><td>压力开孔起爆装置</td></tr>
<tr><td>3. 多级起爆，且井斜角不大于 30°</td><td>1. 防砂撞击起爆装置 + 增压装置 + 压力开孔起爆装置
2. 投棒开孔起爆装置 + 增压装置 + 压力开孔起爆装置</td></tr>
<tr><td>4. 多级起爆，且井斜角大于 30°</td><td>压力开孔起爆装置 + 增压装置 + 压力开孔起爆装置</td></tr>
<tr><td rowspan="3">水平井</td><td>1. 单级起爆</td><td>压力起爆装置</td></tr>
<tr><td>2. 补孔（单级起爆）</td><td>压力开孔起爆装置</td></tr>
<tr><td>3. 补孔（多级起爆）</td><td>压力开孔起爆装置 + 增压装置 + 压力开孔起爆装置</td></tr>
<tr><td rowspan="4">试油井</td><td>1. 非射孔测试联作第一层</td><td>同“新井”</td></tr>
<tr><td>2. 非射孔测试联作其他层</td><td>同“补孔井”</td></tr>
<tr><td>3. 射孔测试联作先坐封后射孔</td><td>压差起爆装置</td></tr>
<tr><td>4. 射孔测试联作先射孔后坐封</td><td>压力起爆装置</td></tr>
</table>

不同工艺起爆装置的选择方式见表2。

表2　不同工艺起爆装置的选择

工艺	井况	起爆装置
下泵联作	1. 单级起爆	压力起爆装置
	2. 补孔（单级起爆）	大通径压力起爆装置
	3. 补孔（多级起爆）	大通径压力起爆装置＋增压装置＋压力开孔起爆装置
定方位		定方位防砂起爆装置

（7）填写射孔器材领取表，领取内容包括枪身、中接、配件包、起爆器接头、接箍、变扣、短节、筛管、定位短节。

（8）填写火工品领取表，领取内容包括尾声弹、射孔弹、导爆索、传爆管、安全装置、起爆器、延时装置、增压装置。

（9）收拾工具、清理场地。

操作安全提示：

（1）配置、连接短节时注意安全，防止短节砸伤或管钳打伤。

（2）短节下井时要匀速、慢下，不能刮碰井口。

（3）射孔点火前，应装好井口采油树或井口控制装置，做好防喷、防污染工作。

（4）井口加压点火前，现场无关人员全部撤离到安全地带，距井口及高压区域30m之内严禁有人。

（5）如起爆器未点响，应在枪身起出前先拆除起爆器，并将起爆器输出端用护丝套好，起出枪身后，逐一检查射孔枪，查明原因且整改后，方可重新施工。

（6）操作过程中产生的各种垃圾和废弃物要分类存放，妥善处理。

17. 高能气体压裂射孔施工。

准备工作：

（1）正确穿戴劳动保护用品。

（2）按照高能气体压裂设计，领取压裂火药及工具，点火器及其他正常射孔施工所需工具、仪器等。

（3）工（用）具、材料准备：300mm 活动扳手 1 把，F 形扳手 1 把，黄油、擦布、记录纸若干，记录笔 1 支。

（4）现场工具安装、压裂工具下井、深度测量、监督点燃压裂弹。

操作程序：

（1）首先连接电缆头和电缆。

（2）电缆头下部连接防烧杆。

（3）防烧杆下部再连接点火器。

（4）一级压裂火药中心管装入点火药柱后再与点火器连接。

（5）一级压裂火药下部再连接装入点火药柱的二级压裂火药。

（6）根据设计需要连接三级、四级、五级……压裂火药。

（7）分级下井过程中用高温电线连接电缆线和点火器，测通后下井。

（8）转数表指示到达目的层后在井口和地滑轮上用绳子绑缚电缆。

(9) 现场人员全部撤离到射孔车后，观察无误后点火引燃压裂火药。

(10) 井内平稳后，解开井口、地滑轮上的绑缚绳，将压裂工具起到井口。

(11) 拆除各部分连接件，将井下压裂工具全部起出井口，完成高能气体压裂施工任务。

(12) 收拾工具，清理现场。

操作安全提示：

(1) 压裂施工过程中要有专人负责观察井口显示情况，若液面不在井口，应及时向井筒内灌注同样性能的压井液，保持井筒内静液柱压力不变。

(2) 压裂应连续进行，压裂过程中发生溢流时，应停止压裂，快速起出压裂工具，关闭防喷器，来不及起出压裂工具时，应剪断电缆，迅速关闭防喷器，控制井口。

(3) 压裂作业时如漏失严重，必须停止作业，并连续灌入压井液，起出压裂火药。

18. 设计油管输送式射孔 GR-CCL 定位施工方案。

准备工作：

(1) 正确穿戴劳动保护用品。

(2) 资料准备：完井工艺方案设计、测井放－磁曲线图、测井综合解释成果图。

(3) 工具、材料准备：500mm 比例尺 1 把，碳素笔 1 支，计算器 1 个，A4 纸若干。

操作程序：

(1) 核实资料。

根据“射孔深度计算作业指导书”检查核实该井深度计算所需的全部资料。

(2) 设计施工联炮图。

① 根据“射孔深度计算作业指导书”设计施工联炮图。

a. 选配射孔枪。

b. 计算每柱枪的长度。

c. 标注井号、枪身编号，标注起爆器位置，标注需要使用的安全接头、延时起爆装置、死接头、增压装置位置。

d. 标注中接长度；标注每支枪的长度、弹数、射开厚度和夹层厚度，用横线标注射开层位。

e. 夹层长度不大于 30m 时采用分级起爆，并在联炮图上画出夹层管柱，注明夹层长度。

f. 计算射开、夹层总长度。

g. 填写弹型、孔密、总弹数、相位角、导爆索型号、全井总长。

② 装炮。

a. 根据施工联炮图领取火工品、枪身、次数牌。

b. 按“射孔装炮作业指导书”装炮标准装炮。

c. 依据“射孔装炮作业指导书”检查验收装炮质量。

d. 将成品弹架运送至成品库登记存放保管。

(3) 放射性校深。

① 根据“射孔深度计算作业指导书”进行放射性校深，求出校正值。

② 填写校深单。

(4) 选择标志层。

① 根据“射孔深度计算作业指导书”在待射油顶深度以上 110m 之内选择标志层和辅助标志层。

② 计算标志层和辅助标志层的深度及其在深度点上标注深度。

（5）计算理论短标距。

① 列出理论短标距计算公式：

理论短标距 =（油顶深度 + 校正值）－预计炮头长－标志层深度。

② 计算理论短标距 1 和理论短标距 2。

（6）填写射孔深度数据计算报表。

填写井号、油底深度、油顶深度、标志层深度、理论短标距 1、理论短标距 2、预计炮头长、套补距、弹型、枪型、相位、孔密、总弹数等相关数据。

（7）根据“射孔深度计算作业指导书”审核施工联炮图、校深单、射孔深度数据计算报表的所有深度数据。

（8）检查审核确认所有深度数据计算准确，签字确认。

（9）将计算好的资料登记入库保存。

（10）收拾工具，清理现场。

19. 铠装法修复油矿电缆。

准备工作：

（1）正确穿戴劳动保护用品。

（2）工（用）具、材料准备：剥线钳 1 把，电工钳 1 把，鲤鱼钳 1 把，断线钳 1 把，500 型万用表 1 块，500V 兆欧表 1 块，台虎钳 2 台，黑胶布 1 盘，高压胶布 1 盘，18 号铅丝适量，废（旧）电缆 2 盘。

操作程序：

（1）处理电缆两端。

① 处理甲端电缆：将端头外层钢丝分成三等份，剥掉甲端电磁 14m 的外皮，然后将其卷好。将露出的内层钢丝

和缆芯剪掉 7m 左右，余下部分分成三等份，扒下内层钢丝卷好备用。将露出的缆芯剪掉 6.3m，余下 0.7m 缆芯备用。

② 处理乙端电缆：将端头外层钢丝扒下 7m 左右剪掉，剪断部位用胶布包好，防止钢丝散开。将露出的内层钢丝从端头处扒下 0.7m 左右剪掉，剪掉部位用胶布包好，露出 0.7m 缆芯备用。

(2) 连接缆芯。

① 将甲、乙两端分别固定在相距 2m 左右的台虎钳上。

② 剥掉甲、乙两端缆芯线 2cm 左右绝缘层，露出铜芯破开成伞状，对应的两铜芯叉接后旋紧。用绝缘胶布包铜芯叉接部位往返 3 层，宽 4cm 左右，缆芯叉接接头均匀地分布在 0.7m 长度内，并将缆芯保护材料恢复包好。

(3) 铠装钢丝。

① 铠装内层钢丝：将甲端内层 3 组钢丝在加外力的情况下，按原螺距顺序铠过缆芯接头部位，并同时铠到乙端内层钢丝上面外层钢丝剪断处，用胶布包好、包平。

② 铠装外层钢丝：将甲端外层长 14m 左右的 3 组钢丝在不加外力的情况下按原螺距顺序铠过内层，铠装到乙端外层上面，直到 14m 左右的外层钢丝铠尽，并在尽头用高压胶布将钢丝头包好。

③ 用 18 号铅丝扎紧高压胶布：用 18 号铅丝将高压胶布部位扎紧，每 10 圈为一组，共 5 组以上。在整个 14m 左右的铠装部位，扎铅丝不得少于 5 处并保证均匀，所有扎铅丝处用黑胶布包好。

(4) 收拾工具，清理现场。

操作安全提示：

剪断钢丝注意不要误伤人员。

20. 计算压力起爆器销钉数量及井口加压值。

准备工作：

（1）正确穿戴劳动保护用品。

（2）工（用）具、材料准备：计算器 1 个，施工设计 1 份。

操作程序：

（1）识别基础数据。

① 确定环形空间的液体密度 ρ。

② 确定压力起爆器下入深度 H。

③ 确定压力起爆器所处位置温度 t，根据温度 t 查得销钉剪切强度降低的百分数（温度曲线图），进而得剪切销值随温度降低的百分数 Δ。

（2）计算压力起爆器所受压力。

① 计算压力起爆器受环形空间的静水压力 p_0：

$$p_0=\rho gH$$

② 确定井口加压安全值 $p_{安}$。

（3）计算销钉数量。

① 计算最小单销钉剪切值：

$$p_{单\min}=\tau\times(1-4.5\%)\times(1-\Delta)$$

② 计算最大单销钉剪切值：

$$p_{单\max}=\tau\times(1+4.5\%)\times(1-\Delta)$$

③ 计算最大销钉数量：

$$n=(p_{安}+p_0)/p_{单\min}\text{（向上取整得 }N\text{）}$$

（4）计算井口加压值。

① 计算最小井口加压值：

$$p_{\min}=Np_{单\min}-p_0$$

② 计算最大井口加压值：

$$p_{max}=Np_{单max}-p_0$$

（5）收拾工具，清理现场。

21. 操作数控射孔取心仪常规射孔。

准备工作：

（1）正确穿戴劳动保护用品。

（2）工（用）具、材料准备：数控射孔取心仪 1 台，射孔绞车 1 台。

操作程序：

（1）打开电源：打开总电源开关，若供电正常，依次打开净化电源开关、UPS 电源开关、主机开关及各相应测量开关。

（2）输入施工数据：输入施工所需的各项参数和数据，并进行“计算与验证”。

（3）进入施工主程序：选择射孔次数“第一次”；在“施工方式”中选择“丈量定位点火丈量”。

（4）进入“施工主程序”。

（5）置入起始深度：置入起始深度后进行测井；设置测井增益。

（6）测量接箍曲线：测量并核对 7 组接箍曲线，确定井位。

（7）测量标准接箍：测量下标、下标差和标准接箍，进行倒计数定位。

（8）点火起爆：核对数据无误后点火起爆。

（9）收拾工具，清理现场。

操作安全提示：

应按顺序打开电源，以防止烧坏电路。

22. 操作定方位射孔施工。

准备工作：

（1）正确穿戴劳动保护用品。

（2）工（用）具、材料准备：数控射孔取心仪 1 台，测井绞车 1 台。

操作程序：

（1）连接陀螺测斜仪。

① 连接下井仪器。

② 连接地面控制箱、插线排和笔记本电脑。

③ 将仪器水平放置在仪器支架上，定向键槽水平向上。

（2）开启并检查仪器：打开总电源开关，再打开下井供电开关，下井电流指示在 100mA 左右，检查仪器工作状态。

（3）进入陀螺测井程序。

① 打开电脑，进入陀螺测井程序，输入当地纬度值，进行系统自检。

② 进入测量，将测量数据中“重力高边值”赋予射孔方位补偿；关闭仪器，静止 30s 以后将仪器下井。

（4）测量方位：下放陀螺测斜仪，坐键遇阻后，进入测井程序进行测井操作；上提仪器重复坐键测量 3 次，取 3 次测量的数据平均值。

（5）调整方位：根据要求方位和实际测量方位的具体位置，在井口顺时针旋转管柱进行调整，调整后进行测量。

测量方法：达到规定方位后，关闭仪器，静止 30s 以后起出，加压或投棒起爆。

（6）收拾工具，清理现场。

23. 设计射孔深度校正单。

准备工作：

(1) 正确穿戴劳动保护用品。

(2) 工（用）具、材料准备：1 ∶ 200 比例尺 1 把，计算器 1 个，铅笔 1 支，红蓝铅笔 1 支，对图台 1 张，放－磁曲线图 1 份，组合图 1 份，校正表 1 张。

操作程序：

(1) 对比套后放－磁曲线图与测井综合解释成果图，对齐套后放－磁曲线图与测井综合解释成果图深度。

(2) 选择砂岩层或自然伽马尖峰，在目的层选取 3 ～ 5 个具有代表性的对比层来确定 2 张图的深度差值，若砂岩层对应性好，且顶、底界面显示清楚，可以用半幅点法并参考砂岩层厚度来确定顶、底界面深度。

(3) 用对比层尖峰确定薄砂岩层或薄致密层深度差值，然后用校正值公式确定最终的校正值。

(4) 计算校正值。用 1 ∶ 200 比例尺量出所选砂岩层或自然伽马尖峰在套后自然伽马曲线上的深度值。

(5) 用套后自然伽马深度减去套前测井综合解释成果图中对应的深度，这个差值即为该层的校正值。

(6) 选取 2 ～ 3 个具有代表性的单层校正值，平均后加上滞后值作为该井的校正值。

(7) 填写校正单，将相关数据填入深度校正单表内。

(8) 收拾工具，清理现场。

24. 设计超深井井壁取心方案。

准备工作：

(1) 正确穿戴劳动保护用品。

(2) 工（用）具、材料准备：空白施工设计书 1 份，取心通知单 1 份。

操作程序：

(1) 分析设计：分析井况，包括井径、井深、钻井液密度及黏度、地层软硬程度、井斜情况、井下有无落物。

(2) 分析测井情况：测井过程有无遇阻、遇卡现象，遇阻、遇卡的井段深度。

(3) 根据井深确定使用绞车的型号。

(4) 根据井径、井深确定井壁取心器的型号。

(5) 根据井深、钻井液密度以及地层软硬程度确定岩心筒型号和药盒、药量。

(6) 根据井深确定绞车和井口滑轮的加固方法。

(7) 制定防止井下绝缘破坏的措施。

(8) 制定安全措施，包括防遇阻、遇卡。

(9) 收拾工具，清理现场。

25. 设计油管输送式射孔施工联炮图

准备工作：

(1) 正确穿戴劳动保护用品。

(2) 工（用）具、材料准备：铅笔 1 支，透明比例尺 1 把，完井工艺方案设计 1 份，绘图纸 1 份，火工品的型号清单 1 份。

操作程序：

(1) 审核完井工艺方案设计：审核射孔弹型、射孔枪型、孔密、导爆索型号、相位，审核油层顶、底部深度、射开厚度、夹层厚度、射孔弹数。

(2) 选配射孔枪。第一柱枪尾部预留 0.2m，每柱枪中接应避开射开厚度。

(3) 计算填写射孔施工联炮图。

（4）标注枪身编号，标注起爆器位置，标注需要使用的安全接头、延时起爆装置、死接头、增压装置位置。

（5）计算每柱枪的长度。

（6）标注中接长度、每支枪的长度、射开厚度和夹层厚度，用横线标注射开层位。

（7）夹层长度不小于30m时采用分级起爆，并在联炮图上画出夹层管柱，注明夹层长度。

（8）计算射开、夹层总长度。

（9）填写弹型、孔密、总弹数、相位角、导爆索型号、全井总长。

（10）收拾工具，清理现场。

26. 设计油管输送式射孔施工方案。

准备工作：

（1）正确穿戴劳动保护用品。

（2）工（用）具、材料准备：射孔完井工艺方案设计1份，碳素笔1支，A4纸张若干。

操作程序：

（1）识别射孔完井工艺方案设计。

（2）对照射孔完井工艺方案设计将施工所用基础数据识别出来，并填写到基础数据表中。

（3）设计井下管柱结构。

（4）根据井况特征设计井下管柱结构。

（5）优化设计起爆方式。

（6）设计起爆装置销钉数量。

（7）计算压力起爆器受环形空间的静水压力p，确定井口加压安全值$p_{安}$。

（8）计算最小单销钉剪切值和最大单销钉剪切值。

(9) 计算最大销钉数量 N（取整数）。

(10) 计算井口加压值。

(11) 写出井口最大加压值和最小加压值计算公式。

(12) 计算井口最大加压值和最小加压值。

(13) 填写火工品领取明细表。

(14) 根据管柱结构，填写火工品领取明细表。

(15) 收拾工具，清理现场。

27. 编制射孔施工工艺方案。

准备工作：

(1) 正确穿戴劳动保护用品。

(2) 资料准备：完井工艺方案设计 1 份，套前综合解释成果图 1 份，放 - 磁曲线图 1 份。

(3) 工（用）具、材料准备：铅笔 1 支，碳素笔 1 支，计算器 1 个，1 ∶ 200 比例尺 1 把。

操作程序：

(1) 识别完井工艺方案设计。

(2) 对照完井工艺方案设计识别基础数据。

(3) 设计电缆传输射孔联炮图。

(4) 填写施工联炮图井号。

(5) 标注射孔次数、射开厚度、枪身长度。

(6) 计算全井射开、全井枪长。

(7) 填写弹型、孔密、总弹数。

(8) 根据标准接箍选取原则（标准接箍长度 + 炮头长≥油顶深度 + 校正值）选择每次射孔施工的标准接箍。

(9) 计算每次射孔的点火上提值。

(10) 计算每次射孔点火记号深度。

（11）计算每次射孔丈量值。

（12）填写电缆输送射孔施工报表。

（13）收拾工具，清理现场。

28. 检查和使用 TCP（油管输送式射孔）起爆信号监测仪。

准备工作：

（1）正确穿戴劳动保护用品。

（2）工（用）具、材料准备：震动传感器 1 个，地震波传感器 1 个，监测系统主机 1 台，笔记本电脑 1 台，采油树 1 套，棉纱适量。

操作程序：

（1）清洁设备。

① 用棉纱清洁震动传感器接触面。

② 清洁采油树被吸附表面油污。

（2）检查设备。

① 检查震动传感器有无损坏，尤其是吸附平面是否平滑；检查震动传感器连线及与上位机连接的插头有无损坏。

② 检查地震波传感器、连接线及与上位机连接插头有无损坏。

③ 检查监测系统上位机的接口及指示灯有无损坏。

（3）安装设备。

① 连接震动传感器、地震波传感器与上位机，在接传感器插头时必须和主机插座拧紧。

② 取下震动传感器的防吸片，将震动传感器垂直安装吸附在采油树擦拭干净的部位。

③ 将地震波传感器尾锥全部插入距离井口 20 ～ 30m 的坚硬地层中，若地表层为松软层，可先拍实后再插入地震波传感器。

④ 上位机通过专用数据线连接到笔记本电脑的 USB 接口中，若是第一次连接笔记本电脑或变换 USB 接口，都要重新安装上位机的驱动程序。

⑤ 检查上位机工作情况：首先打开系统配备的笔记本电脑，此时上位机两个（红、绿）工作指示灯应处于发光状态。

（4）操作设备。

① 运行“TCP 监测识别系统”程序：启动系统可以从“开始”菜单中选择“程序”，然后选择“TCP 监测识别系统”，运行“TCP 监测识别系统”来启动系统软件（如果主机不能正常工作，系统会提醒检查硬件连接，退出后检查连接，正常后重新进入软件，即每次使用系统软件进行信号监测时，必须先连接主机，不连接主机软件将不能启动）。

② 进入工作状态后，参数配置界面需要填入井况数据和作业数据，按照设计输入“井号”“测井单位”和“设置起爆级数”等内容。

a. 如果选择投棒方式，时间阈值默认为 60s；如果选择油管加压或环空加压方式，时间阈值默认为 10s。

b. 第 2 路震动曲线可选择开启或关闭（若采用地震波传感器时第 2 路震动曲线一定要保持开启）。

c. 压力曲线选择“关闭”状态。

d. 多级射孔时射孔枪之间用导爆索连接则为一次起爆，射孔枪之间用多级投棒或延时起爆器则有几根枪就填写为几次起爆。

e. 如果没有设置起爆级数则不能进入数据采集界面。

③ 数据采集。

在参数配置界面设置好参数后就可以切换到数据采集界面进行射孔起爆监测及识别，根据射孔频段分析将采样率设置成默认值 5kHz。

特别注意：笔记本电脑采集数据时，必须使用笔记本备用电池，不可使用外接电源。

a. 点击“开始采集”按钮后系统会弹出一个保存文件对话框及存盘路径，并会自动生成一个 TCP_DATA 文件夹，将监测的数据存放在里面，当然也可以另外输入文件名及保存路径；点击“OK”开始信号的实时监测、数据采集。

b. 数据保存：点击保存开始对采集数据进行保存，点击不保存只显示采集信号，对所采集数据不进行保存。

④ 停止采集数据。

a. 点击“停止采集”按钮，停止当前的数据采集。

b. 根据系统所提供的分析结果依据，如起爆时刻、震动波形的各次谐波成分的幅值以及频率等参数，判断并作出结论。

（5）数据回放：在“回放文件”窗口中选定数据回放的文件，点击“回放文件”，此时数据文件中记录的两路震动信号曲线和压力曲线会完整的显示出来。

（6）报表打印：处于数据采集界面时，打印数据采集界面的震动信号及判断依据信息。处于数据回放界面时，打印参数配置、数据回放界面。打印纸为普通 A4 打印纸。

（7）收拾工具，清理现场。

29. 维护保养绞车传动部分。

准备工作：

(1) 正确穿戴劳动保护用品。

(2) 工（用）具、材料准备：射孔绞车1台，棉纱适量，润滑脂0.1kg，随车工具1套。

操作程序：

(1) 清洁绞车传动部分。

用棉纱等物品对绞车传动部分进行全面清洁。

(2) 检查绞车传动部分。

① 检查动力选择箱各部分油封有无漏油现象。

② 检查齿轮啮合有无异响。

③ 检查润滑油油面是否符合规定。

④ 检查通气口是否畅通。

⑤ 检查液压泵减振胶垫是否良好，有无破损、老化。

⑥ 检查减振胶套是否保持良好。

⑦ 无链条传动的应检查减速箱内的润滑油。

(3) 调整绞车传动部分。

① 调整绞车变速箱与滚筒间链条的松紧情况。

② 更换发生漏油的油封。

③ 更换破损、老化的减振胶垫或减振胶套。

④ 清除通气口内的堵塞物。

(4) 紧固绞车传动部分。

① 紧固动力箱输出轴凸缘固定螺母，并穿好销钉。

② 紧固液压泵小传动轴螺钉、液压泵固定螺钉、液压马达固定螺钉。

③ 紧固液压马达与绞车变速箱的连接螺钉，紧固绞车变速箱的固定螺钉。

(4) 润滑绞车传动部分。

① 向动力选择箱注适量润滑油并保证满足规定的要求。

② 向液压泵小传动轴、十字轴加注润滑脂。

③ 向滚筒支撑轴承加注润滑脂。

④ 向无链条传动的减速箱内加注适量润滑油并满足规定的要求。

(5) 收拾工具，清理现场。

30. 安装和检验选发器。

准备工作：

(1) 正确穿戴劳动保护用品。

(2) 工（用）具、材料准备：撞击式井壁取心器 1 套，撞击式取心控制仪 1 台，调校选发器专用弹道装置 1 台，选发器配件 1 套，500 型万用表 1 块。

操作程序：

(1) 安装选发器及连接控制仪。

① 选发器与枪体连接时，应对准键槽，用手轻推一下选发器，当 45 芯插座各针及键槽正确插入后，用手转动固定环，一边转动，一边用力推进选发器，严禁整体转动选发器。

② 检查固定环是否拧到底，做到牢固可靠。

③ 连接选发器的换挡线与控制仪的换挡线，选发器点火引线应为红色，换挡线应为白色或黄色，控制仪的地线接选发器的外壳。

④ 接通控制仪的电路，打开电源，电源指示灯亮，电压表指示 220V，监控颗数指示为“00”。

(2) 调校控制仪与选发器。

① 按下“换挡准备”键，按下“自动”换挡按钮，电流表指针应有“通－断－通”的摆动，换挡显示加“1”。

② 按下“同步置零”键，按“自动”换挡按钮，电流表指针连续“通－断－通”摆动，直到换挡指示灯灭，指针停止摆动，“同步置零”报警，此时挡位显示与监控显示均自动复“00”位，表示控制仪与选发器同步。

(3) 检查选发器挡位。

① 按下“换挡准备”键，按“自动”换挡按钮，选发器自动换到“01”位，同时监视颗数也显示“01”，主体上第一药室点火触点与点火变压器接通。

② 将专用弹道装置放入取芯器第一弹道中。

③ 按下“手动点火”，观察电流表点火电流变化。

④ 连续按动“自动”换挡按钮逐一检查选发器挡位，如果控制仪报警，监控显示和颗数显示数字不同，则选发器挡位不正常。

(4) 校验完毕后关闭控制仪电源，各键复位。

(5) 收拾工具，清理现场。

31. 校验 GR-CCL 组合仪。

准备工作：

(1) 正确穿戴劳动保护用品。

(2) 工（用）具、材料准备：射孔绞车 1 台，数控射孔取心仪 1 台，GR-CCL 组合仪 1 台，专用连接导线 2 根（红色、黑色各 1 根），一字形螺丝刀 1 把，棉纱适量。

操作程序：

(1) 启动计算机。

① 先检查起爆电源是否处于关断状态；检查恒流源开关是否处于关闭状态，恒流源的电压、电流调节钮是否置于关断状态；检查插线是否断开。

② 打开 UPS。

③ 启动计算机。

④ 打开仪器总电源。

(2) 连接 GR-CCL 组合仪。

① 用棉纱清洁连接导线接头和 GR-CCL 组合仪接线部位。

② 连接 GR-CCL 组合仪与数控仪：红线一端接 GR-CCL 组合仪上端接线孔，另一端插入地面仪“测量”孔；黑线一端接仪器外壳，另一端插入地面仪“接地”孔。

(3) 检测校验 GR-CCL 组合仪。

① 鼠标左键双击计算机桌面上的“SK”程序，进入 SK 主程序。

② 点击“SK/ 井温 -CCL”，在弹出“参数设置”面板正确输入信息后，点“确定”进入“SK/ 井温 -CCL”程序面板。

③ 从“帮助”选择“信号仿真”，弹出信号仿真面板。

④ 点击“系统参数”，进入系统参数设置面板进行参数检查设置，检查完毕后确定返回。

⑤ 在信号仿真面板上选择与待校验的仪器对应的仪器类型。

⑥ 预置一个深度值，选择首根套管长度，选择电缆速度，选择电缆运行方向“上”或“下”。

⑦ 打开恒流源，沿顺时针方向调节电压旋钮 2 ～ 3 周，再调节电流旋钮，当电流不增加时，再上调电压钮，反复更替调节，使电流达到 GR-CCL 组合仪正常工作范围，再将电压增调约半周。

⑧ 检查是否有 GR 信号，是否正常。

⑨ 用一字形螺丝刀在定位器记录点部位左右滑动，观察是否有信号发生、工作是否正常。

（4）退出程序。

① 将电压、电流调节钮逆时针调到关断状态。

② 依次退出程序。

③ 关闭恒流源，关总电源。

④ 拔出连接线。

⑤ 最后关闭计算机。

（5）收拾工具，清理现场。

操作安全提示：

GR-CCL 仪器应轻拿轻放，以免损坏晶体和光电倍增管。

32. 识别普通电阻率曲线。

准备工作：

（1）正确穿戴劳动保护用品。

（2）工（用）具、材料准备：草稿纸适量，梯度和电位视电阻率曲线各 1 份，300mm 比例尺 1 把，铅笔 1 支。

操作程序：

首先要明确：梯度电极系视电阻率测井和电位电极系视电阻率测井都是普通电阻率测井，只是仪器结构有所不同，梯度电极系的单电极到靠近它的成对电极间的距离大于成为对电极间的距离；电位电极系的单电极到相邻成对电极间的距离小于成对电极间的距离。

（1）识别梯度电极系视电阻率曲线。准备好尺子、铅笔和草稿纸：

① 无论是厚岩层还是薄岩层，梯度电极系 R 曲线对应高电阻率岩层的地方显示为相对的高 R_a 值，而在低电阻率岩层上则显示低 R_0 值。

② 曲线形态相对于岩层中心不具对称性，底部梯度电极系 R_a 曲线在高阻层底界面处出现极大值，顶界面出现极小值，而顶部梯度电极系 R_a 曲线则与此完全相反，这是利用 R_a 曲线确定地层界面的重要特征。

③ 对于高阻厚层，对应着地层中心部分有一段 R_a 曲线为与深度轴平行的直线，其数值等于岩层的真电阻率。

④ 对于高阻薄层，由于高阻层对电流产生屏蔽作用，在高阻层内靠近顶界面处有一段厚度为一个电极系电极距 L 的低电阻区，也称屏蔽区。L 越大，高阻层与周围岩层电阻率差别越明显，屏蔽区越明显，甚至电阻率回零。

（2）识别电位电极系 R_a 曲线。打开电位电极系 R_a 曲线图：

① 电位电极系 R_a 曲线对称于地层中点，高阻层极大值也在地层中部。

② 地层界面在曲线上没有明显特征，高阻层界面大约在高阻层异常的底部。

③ 电位电极系曲线的极大值是 R_a 的代表值，如果地层很厚，地层中部呈平缓变化，也可取极大值部分的平均值。

④ 若高阻层厚度小于电极距 L，则高阻层 R_a 的曲线由高阻异常变为低阻异常。

（3）收拾工具，清理现场。

33. 识别自然伽马曲线。

准备工作：

（1）正确穿戴劳动保护用品。

（2）工（用）具、材料准备：草稿纸适量，自然伽马曲线 1 份，300mm 比例尺 1 把，铅笔 1 支。

操作程序：

（1）准备好尺子、铅笔和草稿纸，打开自然伽马曲线图纸。

（2）识别自然伽马曲线的统计性涨落。

① 自然伽马曲线有统计性涨落变化，所以自然伽马曲线不是一条光滑的曲线。

② 在岩性很均匀的井段，曲线也有明显的起伏变化。

（3）识别自然伽马曲线的形态。

如果忽略涨落误差，自然伽马平均曲线同钻井液滤液 R_{mf} 大于地层水 R_w 时的自然电位曲线十分相似。

（4）识别自然伽马曲线与地层岩性的关系。

① 储层或纯岩石有较低的伽马异常，相当于非自然电位曲线（SP）异常。

② 异常对称于地层中点，异常越大，岩性越纯，泥质含量越低；反之，泥质含量越高。

③ 纯泥岩有高自然伽马异常，当相邻泥岩岩性相近时，泥岩自然伽马曲线的平均值也构成一条直线（泥岩线）。

（5）确定储层自然伽马值。

① 储层的自然伽马值是异常顶部的平均值。

② 当厚度较大和有明显岩性变化时，直接按岩性变化分别取值。

（6）利用自然伽马曲线确定地层界面。

① 储层和非泥岩层的界面在自然伽马曲线的半幅点上。

② 地层厚度较薄时，地层界面向自然伽马负异常方向移动。

（7）收拾工具，清理现场。

34. 取出筒内岩心并计算井壁取心发射率和收获率。

准备工作：

（1）正确穿戴劳动保护用品。

（2）工（用）具、材料准备：取岩心器1台，井壁取心通知书1份，井壁取心现场记录1份，计算纸适量，岩心筒专用扳手1把，拔销钳1把，200mm电工钳1把，300mm游标卡尺1把，岩心盒5个以上，计算器1个。

操作程序：

（1）取出岩心筒内岩心。

① 用拔销钳从取心器上卸下岩心筒，拆下钢丝，用岩心筒专用扳手拆下岩心筒底座。

② 将岩心筒放入取岩心器底架。

③ 操作取岩心器手柄分离出岩心。

④ 将岩心装盒，标注井号和深度，并将岩心盒按取心深度由深到浅排列摆放。

⑤ 用游标卡尺测量岩心筒直径，并做记录。

⑥ 用游标卡尺测量岩心直径和长度，并做记录。

（2）计算井壁取心发射率和收获率。

① 统计数据，包括实际装枪颗数、实际发射颗数、实际收获合格岩心颗数（若岩心筒直径小于 20mm，岩心直径和长度不小于 10mm 为合格；若岩心筒直径不小于 20mm，岩心直径不小于 10mm、长度不小于 20mm 为合格）。

② 计算井壁取心发射率，计算公式：发射率 = 实际发射颗数 / 实际装枪颗数 ×100%。

③ 计算井壁取心，计算公式：收获率 = 实际收获合格岩心颗数 / 实际发射颗数 ×100%。

④ 填写记录。

（3）收拾工具，清理现场。

操作安全提示：

在拆卸岩心筒过程中，小心取心器从支架掉落砸伤操作人员。

35. 操作油矿电缆并判断电缆在井下运行情况。

准备工作：

（1）正确穿戴劳动保护用品。

（2）工（用）具、材料准备：射孔仪器车 1 台，射孔绞车工具 1 套，汽车工具 1 套。

操作程序：

（1）油矿电缆绞车的操作。

① 仪器车到达井场后，应使其尾部对准井口，并打好掩木。

② 汽车驾驶员或绞车工将动力选择箱置于“绞车”挡位置。

③ 检查各润滑部位及制动系统是否符合施工要求。

④ 除“绞车”挡外其余各挡均置于空挡位置后，启动汽车发动机。

⑤ 调整盘绳器至最佳状态。

⑥ 打开绞车室和绞车面板施工所需的各项开关。

⑦ 预热液压系统或绞车变速润滑剂，执行小队长或操作工程师发出的各项指令。

⑧ 认真观察电缆运行情况，如有异常应及时停车进行检查。

（2）判断油矿电缆在井下的运行状态。

① 在下放电缆时，仔细观察电缆运行以及张力变化情况，绞车至井口的电缆应是绷紧的，下放时电缆松弛则表明下井仪器遇阻。

② 为避免电缆过分堆积造成电缆打结，应立即停车并缓慢地上提电缆。

③ 上提电缆时，绞车发动机应有均匀的响声，若上提电缆时发动机响声出现异常，且张力计指示明显发生变化，井下可能发生遇卡故障，应立即停车，做紧急处理并采取应急措施。

（3）收拾工具，清理现场。

操作安全提示：

（1）操作过程中，绞车与井口间严禁人员逗留。

（2）在井口操作的人员必须戴安全帽，以免落物砸伤。

36. 检查射孔参数。

准备工作：

（1）正确穿戴劳动保护用品。

（2）工（用）具、材料准备：计算机 1 台。

操作程序：

（1）打开 UPS 电源，启动计算机。

（2）打开仪器总电源。

（3）进入系统。

① 进入电缆射孔程序。

② 进入仪器参数管理程序。

（4）检查系统参数。

① 进入系统参数设置界面。

② 检查系统参数主要参数设置，指出错误参数。

（5）改正射孔参数。

改正错误系统参数。

（6）保存设置。

① 保存改正后的系统参数。

② 退出射孔主程序。

（7）依次关闭仪器总电源、计算机、UPS 电源。

37. 校深测试下井电缆。

准备工作：

（1）正确穿戴劳动保护用品。

（2）工（用）具、材料准备：ϕ48mm GR-CCL 组合仪 1 套，数控射孔取心仪 1 套，射孔绞车 1 台，热敏记录纸 1 卷，仪器操作工具 1 套，万用表 1 块，500V 兆欧表 1 块。

操作程序：

(1) 依次开启 UPS 电源、测量控制面板和计算机、深度面板总电源。

(2) 仪器连接。

① 连接 GR-CCL 组合仪与电缆头。

② 连接地面仪面板对应缆芯与“测量”孔。

③ 从 SK 主程序进入 GR/ 井温 -CCL 程序。

④ 输入仪器零长及其他参数。

⑤ 打开恒流源，沿顺时针方向调节电压旋钮 2 ～ 3 周，再调节电流旋钮，当电流不增加时，上调电压钮，反复更替调节，使电流达到 GR-CCL 组合仪正常工作范围，再将电压增调约半周。

⑥ 检查 GR-CCL 工作情况，放射性数值符合检查地的基值，用小铁件在磁定位短节外壳划动时地面仪有数值变化显示。

(3) 用 GR-CCL 组合仪进行测验。

① 将 GR-CCL 组合仪井口对零，地面仪设置深度跟踪，下到标准井或实验井（有套管）中。

② 在含有短套管的井段重复测量 6 次以上，每次测量要 GR 和 CCL 曲线并测，同时绘出曲线。

③ 用所测曲线和原图对比，标出每次所测短套管的深度并计算和实际位置的差值。

④ 统计各次短套管深度差值，在 ±10cm 为合格。

(4) 测后操作。

① 测量完毕后，将恒流源的电流、电压旋钮回调至零位，关闭恒流源。

② 依次退出操作程序。

③ 依次关闭总电源、计算机、UPS 电源。

(5) 收拾工具，清理现场。

操作安全提示：

(1) 操作过程中，绞车与井口间严禁人员逗留。

(2) 在井口操作的人员，必须戴安全帽，以免落物砸伤。

(3) GR-CCL 组合仪要轻拿轻放，下井和起出时要注意不要和井口磕碰，以免损坏晶体和光电倍增管。

(4) 电缆运行时，禁止钻越、跨越电缆。

(5) 禁止在运行的电缆、井口滑轮、天车滑轮、吊滑轮、绞车滚筒上作业。

38. 调校射孔取心仪点火系统。

准备工作：

(1) 正确穿戴劳动保护用品。

(2) 工（用）具、材料准备：射孔仪器车 1 辆，射孔取心仪 1 台，凳子 1 把，万用表 1 块，检验灯 1 个。

操作程序：

(1) 打开发电机舱门，接好发电机地线。

(2) 打开发电机，用万用表测量发电机是否漏电。

(3) 打开二等舱总电源。

(4) 启动计算机。

(5) 连接线路。

① 检查检验灯。

② 连接检验灯，将检验灯的一根导线插入地线插口，另一根插入射孔插口。

(6) 进入检验程序并验证程序，输入预测深度、上提速度，仿真测量 2 ～ 3 组接箍，确认程序完好。

(7) 校验操作。

① 打开总电源开关。

② 起爆仪充电。

③ 选择手工点火项。

④ 当电压超过 150V 时，一只手按保险按钮，另一只手点击手工点火选项。

⑤ 观察起爆信号灯。

⑥ 校验后关闭点火电源开关。

(8) 退出检验程序和射孔目录。

(9) 关闭计算机。

(10) 拆除检验灯连线。

(11) 收拾工具、清理现场。

(12) 关闭发电机，收好发电机地线，关闭发电机舱门。

操作安全提示：

(1) 雷雨天气禁止操作。

(2) 使用计算机等用电设施注意用电安全。

39. 设计电缆输送式射孔施工联炮图。

准备工作：

(1) 正确穿戴劳动保护用品。

(2) 工（用）具、材料准备：桌子 1 张，椅子 1 把，计算器 1 个，中性笔或钢笔 1 支，完井工艺方案设计 1 份（图 3），A4 纸 3 张。

萨尔图油田南5–20–P32井完井工艺方案设计

一、工艺设计　　　　日期：2014年6月7日

井别	注入井	套管短接高，m		0.8
前磁遇阻深度，m	1780.5	套管头至补心高，m		3.65
完井方式	复合射孔	射孔参数	孔密，孔/m	16
射孔枪型	TY–102		相位，(°)	90
射孔弹型	DP44RDX–5		布孔格式	螺旋布孔
传输方式	电缆传输	负压深度，m		—
井口型号及厂家	—	完井液	类型及厂家	聚驱NaCl型
油管类型	—		密度，g/mL	1.15
油管规格	—		pH值	6～9
替喷管柱深度，m	距人工井底3m以内		膨胀率，%	7
设计油管完成深度，m	1725.0		液量，t	15
试压压力，MPa	15	试压时间，min		30
投产方式	射孔投产	射孔后诱喷时间，h		72
及时诱喷措施	72	提捞	次数	—
固井时间	2014年3月10日		深度，m	—
固井质量	合格		液量，m^3	—
水泥返高，m	899.4	预测产液量，t/d		—

二、射孔小层数据

序号	层位	小层编号	射孔井段，m		厚度，m			孔数	有效渗透率 $10^{-3}\mu m^2$	地层系数 $10^{-3}\mu m^2\cdot m$	小层压力 MPa
			自	至	夹层	射开	有效				
1		9+10	1670.5	1668.5		2.0	1.8	32	—	—	—
2		4-8	1663.5	1663.0	5.0	0.5	0.4	8	—	—	—
			1662.2	1661.2	0.8	1.0	0.6	16	—	—	—
3		4-7	1658.2	1655.7	3.0	2.5	2	40	—	—	—
合计					8.8	6	4.8	96			

三、射孔施工要求

图 3　完井工艺方案设计

操作程序：

（1）检查完井工艺方案设计。

① 检查完井工艺方案设计工艺设计部分：传输方式要正确（电缆传输）。弹型与枪型要相符。孔密和相位等射孔参数要齐全。

② 检查完井工艺方案设计射孔小层数据部分：射孔层段的底、顶界面深度之差应与对的射开厚度一致。相邻两个

射孔层段之间距离应与夹层厚度一致。射开总厚度与各射开层段的厚度之和应一致。夹层总厚度与各夹层厚度之和应一致。射孔总弹数与各射开小层弹数之和应一致。单层射开厚度 × 孔密 = 单层弹数。

③ 检查完井工艺方案设计施工要求与施工备注部分有无特殊要求。

（2）按照电缆输送式射孔联施工炮图的划分原则划分联炮图。根据图 3 完井工艺方案设计进行排枪，确认射孔次数。

① 根据完井工艺方案设计设计的枪型 TY-102 确定最长枪为 4m。

② 根据夹层超过 3m，分次射孔，在完井工艺方案设计中夹层为 5.0m 和 3.0m 两处分次射孔。

③ 根据图中各夹层和射开数据累加计算后将该井分为 3 次：第一层射开 2.0m 为 1 次；第二层、第三层射开和夹层累加 2.3m(0.5m+0.8m+1.0m) 为 1 次；第四层射开 2.5m 为 1 次。

（3）按照标准写出联炮图（图 4 为正确的联炮图）。

① 书写图头部分：

图头部分是完井方式与枪型组合，根据完井工艺方案设计中的设计进行组合，图 3 中完井方式设计为高能复合，枪型是 TY-102，采用的组合就是“高能复合 TY”。

② 书写井号及射孔类型（补孔或射孔）。

③ 书写联炮图中间信息：次数序号；每次的射开（油层）厚度及夹层厚度；每次射开对应的弹数；每次的射开厚度合计、弹数合计及枪长信息。

④ 书写联炮图下部信息：书写全井总长，全井总长等于每次的总长之和，如图 4 所示，该井的全井总长 =

2.0+2.3+2.5=6.8m。书写全井射开长度，全井射开长度等于每次的射开之和，如图4所示，该井的全井射开长度=2.0+1.5+2.5=6.0m。书写全井枪长，全井枪长等于各次枪长之和，如图4所示，该井的全井枪长=2+2.5+2.5=7m。书写导爆索型号及长度，导爆索长度=全井总长×1.5（可调系数），结果向上取整。如图4所示，6.8×1.5=10.2m，导爆索长度填写11m。根据完井工艺方案设计书写弹型、弹数、孔密及相位等信息。

《高能复合TY》

南5–20–P32(射)井电缆传输施工联炮图

第1次　　2.0〈32〉

射开：2.0　　弹数〈32〉　　枪长：2

第2次　　1.0〈16〉 $\frac{0.8}{1.8}$　　0.5〈8〉 $\frac{\quad}{2.3}$

射开：1.5　　弹数〈24〉　　枪长：2.5

第3次　　2.5〈40〉

射开：2.5　　弹数〈40〉　　枪长：2.5

全井总长：6.8m　　弹数：DP44RDX–5型

全井射开：6.0m　　弹数：96发

全井枪长：7m　　孔密：16孔/m

导爆索型号：80RDX　　相位：90

导爆索长度：11m

设计人：　　设计日期：

审核人：　　复核人：

备注：

图4　电缆传输施工联炮图

（4）收拾工具、清理现场。

40. 计算电缆输送式射孔施工数据报表。

准备工作：

（1）正确穿戴劳动保护用品。

(2) 工（用）具、材料准备：桌子1张，椅子1把，计算器1个，中性笔或钢笔1支，射孔深度通知单1份（图5），带接箍数据的套后放－磁曲线图1份或给出计算用7组接箍数据（图6），放射性校深卡1份（图7），电缆输送式射孔施工联炮图1份（图8）。空白报表1份（图9）、演算纸1张。

喇嘛甸油田喇4-斜PS1322井完井工艺方案设计

一、工艺设计

日期：2001年6月7日

井别	注入井	套管短节高，m		0.8
前磁遇阻深度，m	1238	套管头至补心高，m		3.65
完井方式	复合射孔	射孔参数	孔密，孔/m	16
射孔枪型	TY-102		相位，(°)	90
射孔弹型	BH48RDX-1		布孔格式	螺旋布孔
传输方式	电缆传输	负压深度，m		—
井口型号及厂家	—	完井液	类型及厂家	聚驱NaCl型
油管类型	—		密度，g/mL	1.15
油管规格	—		pH值	6~9
替喷管柱深度，m	距人工井底3m以内		膨胀率，%	7
设计油管完成深度，m	1225.0		液量，t	15
试压压力，MPa	15	试压时间，min		30
投产方式	射孔投产	射孔后诱喷时间，h		72
及时诱喷措施	72	提捞	次数	—
固井时间	2010年3月10日		深度，m	—
固井质量	合格		液量，m^3	—
水泥返高，m	899.4	预测产液量，t/d		—

二、射孔小层数据

序号	层位	小层编号	射孔井段，m		厚度，m			孔数	有效渗透率 $10^{-3}\mu m^2$	地层系数 $10^{-3}\mu m^2 \cdot m$	小层压力 MPa
			自	至	夹层	射开	有效				
1	S3	9+10	1195.2	1194.2		1.0	1	16	—	—	—
2		4-8	1189.2	1185.7	5.0	3.5	1.4	56	—	—	—
							1.6		—	—	—
3		4-7	1185.3	1184.9	0.4	0.4	0.2	6	—	—	—
合计					5.4	4.9	4.2	78			

三、射孔施工要求

图5 完井工艺方案设计

1135.09 11.58 1146.67 11.65 1158.32 11.64 1169.96 11.35

1181.31 11.71 1193.02 11.26 1204.28 11.49 1215.77

图 6　计算用接箍数据

放射性校深卡
喇4-斜PS1322井

<table>
<tr><td>项目</td><td>读数厚度，m</td><td>套前自然伽马深度，m</td><td>套后自然伽马深度，m</td><td>套后自然伽马深度减套前自然伽马深度，m</td><td>备注</td></tr>
<tr><td></td><td></td><td>962.82</td><td>962.94</td><td>+0.12</td><td></td></tr>
<tr><td></td><td>1.0</td><td>949.00</td><td>949.08</td><td>+0.08</td><td></td></tr>
<tr><td></td><td></td><td></td><td></td><td></td><td></td></tr>
<tr><td></td><td></td><td colspan="4">校正值 = +0.10m</td></tr>
<tr><td>注1</td><td colspan="3">校正值为正，需加深电测深度进行校正。
校正值为负需减浅电测深度进行校正</td><td>解释</td><td>加深
需　电测深度0.10　m</td></tr>
<tr><td rowspan="2">注2</td><td rowspan="2" colspan="3">1998年2月10日以后测井分公司测的套后放磁曲线图不加滞后值。
1997年8月1日以后测井CSU测的套后放磁曲线图不加滞后值</td><td>计算员</td><td></td></tr>
<tr><td>审核意见</td><td></td></tr>
</table>

图 7　放射性校深卡

高能复合TY

编码：QR/SC/7-9-03

喇4-斜PS1322井　　(射)电缆输送式射孔施工联炮图

第1次　　　1.0〈16〉

射开：1.0　　弹数〈16〉　　枪长：1

第2次　　　3.5〈56〉

射开：3.5　　弹数〈56〉　　枪长：3.5

第3次　　　0.4〈6〉

射开：0.4　　弹数〈6〉　　枪长：1

全井总长：4.9m　　弹数：BH48RDX-1型

全井射开：4.9m　　孔密：16孔/m

全井枪长：5.5m　　总弹数：78发

导爆索类型：80RDX　　相位：90

导爆索：8m

设计人：　　设计日期：

审核人：　　复核人：

图8　电缆输送式射孔施工联炮图

编码：QR/SC/7-9-04

电缆传输射孔施工计算数据报表

次数	油底	油顶	标准接箍深度(L/S)	上标(L/S)	下标(L/S)	上提值	点火记号深度	校正值	炮头长	丈量值	电缆变化	备注

套补距：　m　弹型：　　型　总弹数：　　发　实射弹数：　发　发射率：　　井口高：　　m

仪器零长：0.50m　固标差：　m　滑轮误差：　m　负压降液面：　m　射孔日期：　　点火时间：

计算人：　　审核人：　　射孔队：　　小队长：　　操作员：　　质量员：

施工备注：1.施工必须达到有关环保要求。
2.射孔施工前安装防喷器。
3.备注栏内“1”为下标遇阻，下标差实际为上标差。
4.备注栏内“2”为标准接箍遇阻，标准接箍深度实际为上标深度，下标差实际为上上标差。
5.备注栏内“3”为下放点火，下标差实际为上标差。
6.L/S分别表示理论值和现场实际测量值。
7.表格内，所有数据单位均为m。

图9　计算电缆输送式射孔施工数据空白报表

操作程序：

（1）检查资料。

① 检查确认资料齐、全、准：检查所给的资料是否是计算数据报表所需要的资料。

② 检查井号：完井工艺方案设计、套后放－磁曲线图、放射性校深卡、电缆输送式射孔施工联炮图井号要一致。

③ 检查完井工艺方案设计：数据应清晰完整。

④ 检查套后放－磁曲线图：套后放－磁曲线图上的接箍和套管数据应齐全、准确。

⑤ 检查放射性校深卡：放射性校深卡应清晰，校正值可用。

⑥ 检查电缆输送式射孔施工联炮图：要求联炮图与完井工艺方案设计一致。

（2）计算数据。

① 根据联炮图和完井工艺方案设计确定每次下井的射孔井段。

如图 8 所示，本井分 3 次进行电缆输送式射孔，对应有 3 个射孔井段，结合图 3 可确定每次射孔对应井段见表 3。

表 3　射孔次数与射孔井段对应表

次数	射孔井段，m
1	1195.2 ～ 1194.2
2	1189.2 ～ 1185.7
3	1185.3 ～ 1184.9

② 根据每次射孔井段确定标准接箍深度：

标准接箍的选择原则：标准接箍深度加上炮头长应不小

于油层顶部深度加校正值，且所选标准接箍与待射目的层顶部之间距离最小，即中间不应有另一个接箍存在。

根据每次射孔井段和标准接箍的选择原则最终确定每次射孔的标准接箍深度及上下标数据，见表4。

表4 标准接箍数据表

次数	标准接箍深度，m	上标，m	下标，m
1	1204.28	11.26	11.49
2	1193.02	11.71	11.26
3	1193.02	11.71	11.26

③ 根据施工方式和枪型确定炮头长：表5是枪型、施工方式和炮头长的对应表。

表5 枪型、施工方式与炮头长的对应表

射孔类型	正常射孔			高能复合射孔	内盲孔	高能气体压裂	普通电缆桥塞	可回收电缆桥塞
枪型	89 102	60	73	89 102		—	—	—
炮头长，m	0.56	0.55	0.70	0.56		3.85	2.15	2.36

④ 根据公式计算每次射孔的点火上提值、点火记号深度和丈量值：

点火上提值 = 标准接箍深度 + 炮头长 − (油顶深度 + 校正值)

点火记号深度 = (油顶深度 + 校正值) − (套补距 + 炮头长 + 仪器零长)

丈量值 = 前一次点火深度 − 后一次点火深度

根据以上公式计算每次的点火记号深度、上提值和丈量值：

第 1 次射孔点火上提值 = 标准接箍深度 + 炮头长 −（油顶深度 + 校正值）
=1204.28+0.56−（1194.2+0.1）
=10.54（m）

第 1 次射孔点火记号深度 =（油顶深度 + 校正值）−（套补距 + 炮头长 + 仪器零长）
=（1194.2+0.1）−（3.65+0.56+0.5）
=1189.59（m）

第 2 次射孔点火上提值 = 标准接箍深度 + 炮头长 −（油顶深度 + 校正值）
=1193.02+0.56−（1185.7+0.1）
=7.78（m）

第 2 次射孔点火记号深度 =（油顶深度 + 校正值）−（套补距 + 炮头长 + 仪器零长）
=（1185.7+0.1）−（3.65+0.56+0.5）
=1181.09（m）

第 2 次射孔丈量值 = 前一次点火深度 − 后一次点火深度
=1189.59−1181.09
=8.5（m）

第 3 次射孔点火上提值 = 标准接箍深度 + 炮头长 −（油顶深度 + 校正值）
=1193.02+0.56−（1184.9+0.1）
=8.58（m）

第 3 次射孔点火记号深度 =（油顶深度 + 校正值）−（套补距 + 炮头长 + 仪器零长）
=（1184.9+0.1）−（3.65+0.56+0.5）
=1180.29（m）

第 3 次射孔丈量值 = 前一次点火深度 – 后一次点火深度

=1181.09−1180.29

=0.8（m）

（3）填写数据报表，如图 10 所示。

喇4–斜PS1322井电缆传输射孔施工计算数据报表

编码：QR/SC/7–9–04

次数	油底	油顶	标准接箍深度(L/S)	上标(L/S)	下标(L/S)	上提值	点火记号深度	校正值	炮头长	丈量值	电缆变化	备注
1	1195.2	1194.2	1204.28	11.26	11.49	10.54	1189.59	0.10	0.56			
2	1189.2	1185.7	1193.02	11.71	11.26	7.78	1181.09	0.10	0.56	8.5		
3	1185.3	1184.9	1193.02	11.71	11.26	8.58	1180.29	0.10	0.56	0.8		

套补距：3.65m　弹型：BH48RDX–1　型　总弹数：78　发　实射弹数：　发　发射率：　井口高：　m

仪器零长：0.50m　固标差：　m　滑轮误差：　m　负压降液面：　m　射孔日期：　点火时间：

计算人：　审核人：　射孔队：　小队长：　操作员：　质量员：

施工备注：1.施工必须达到有关环保要求。
2.射孔施工前安装防喷器。
3.备注栏内“1”为下标遇阻，下标差实际为上标差。
4.备注栏内“2”为标准接箍遇阻，标准接箍深度实际为上标深度，下标差实际为上上标差。
5.备注栏内“3”为下放点火，下标差实际为上标差。
6.L/S分别表示理论值和现场实际测量值。
7.表格内，所有数据单位均为m。

图 10　电缆传输射孔施工数据报表

① 根据完井工艺方案设计填写井号。

② 根据完井工艺方案设计和联炮图填写次数、每次的油底深度和油顶深度。

③ 根据标图数据填写每次的标准接箍深度、上标、下标。

④ 根据计算结果填写上提值、点火记号深度、丈量值。

⑤ 填写炮头长、校正值、仪器零长、套补距等信息。

（4）收拾工具，清理现场。

41. 标注套管接箍深度并计算射孔上提值。

准备工作：

（1）正确穿戴劳动保护用品。

(2) 工（用）具、材料准备：桌子1张，椅子1把，计算器1个，1 ∶ 200比例尺1把，中性笔或钢笔1支，铅笔1支，射孔地质方案设计1份（图11），套后放－磁曲线图1份（图12），电缆输送式射孔施工联炮图1份（图13），校深卡1份或备注给出该井计算用校正值，A4纸3张。（该井计算用校正值为 -0.50m）

喇嘛甸油田喇4-斜PS1322井射孔地质方案设计

一、工艺设计　　　　日期：2001年6月7日

井别	注入井	套管短节高，m		0.8
前磁遇阻深度，m	1238	套管头至补心高，m		3.65
完井方式	复合射孔	射孔参数	孔密，孔/m	16
射孔枪型	TY-102		相位，(°)	90
射孔弹型	BH48RDX-1		布孔格式	螺旋布孔
传输方式	电缆传输	负压深度，m		—
井口型号及厂家	—	完井液	类型及厂家	聚驱NaCl型
油管类型	—		密度，g/mL	1.15
油管规格	—		pH值	6~9
替喷管柱深度，m	距人工井底3m以内		膨胀率，%	7
设计油管完成深度，m	1225.0		液量，t	15
试压压力，MPa	15	试压时间，min		30
投产方式	射孔投产	射孔后诱喷时间，h		72
及时诱喷措施	72	提捞	次数	—
固井时间	2010年3月10日		深度，m	—
固井质量	合格		液量，m^3	—
水泥返高，m	899.4	预测产液量，t/d		—

二、射孔小层数据

序号	层位	小层编号	射孔井段，m		厚度，m			孔数	有效渗透率 $10^{-3}\mu m^2$	地层系数 $10^{-3}\mu m^2\cdot m$	小层压力 MPa
			自	至	夹层	射开	有效				
1	S3	9+10	1151.2	1150.2		1.0	0.8	16	—	—	—
2		4-8	1145.2	1141.7	5.0	3.5	3	56	—	—	—
			1141.3	1140.9	0.4	0.4	0.2	6	—	—	—
合计					5.4	4.9	4	78			

三、射孔施工要求

图11　射孔地质方案设计

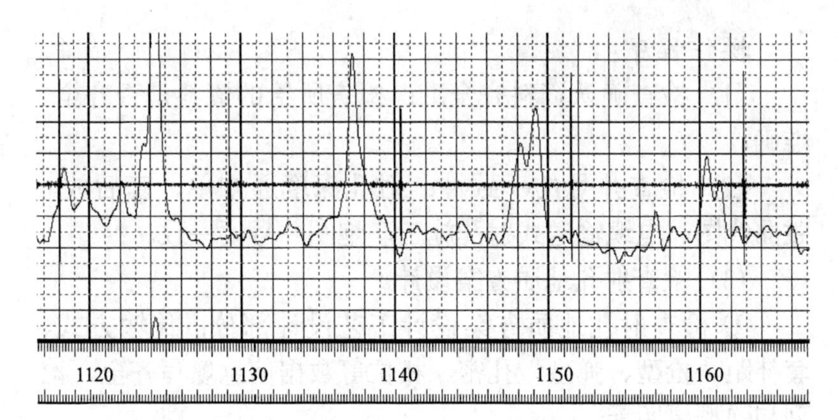

图 12　套后放－磁曲线图

《高能复合TY》

编码：QR/SC/7–9–03

喇4–斜PS1322井　　(射)电缆输送式射孔施工联炮图

第1次　　　　1.0〈16〉

射开：1.0　　　弹数〈16〉　　　枪长：1

第2次　　　　3.5〈56〉

射开：3.5　　　弹数〈56〉　　　枪长：3.5

第3次　　　　0.4〈6〉

射开：0.4　　　弹数〈6〉　　　枪长：1

全井总长：4.9m　　　弹型：BH48RDX–1型

全井射开：4.9m　　　孔密：16孔/m

全井枪长：5.5m　　　总弹数：78发

导爆索类型：80RDX　　相位：90

导爆索：8m

设计人：　　　　　设计日期：

审核人：　　　　　复核人：

图 13　电缆输送式射孔施工联炮图

操作程序：

（1）检查确认资料齐全准：检查所给的资料是否齐全、准确。

（2）检查井号的一致性：射孔深度通知单、套后放－磁曲线图、电缆输送式射孔施工联炮图井号要一致。

（3）检查射孔地质方案设计。

① 检查射孔地质方案设计工艺设计部分：传输方式、套补距、枪型、弹型、孔密、相位等数据信息填写齐全，枪型和弹型要匹配。

② 检查射孔地质方案设计射孔小层数据部分，油底深度、油顶深度、射开厚度、夹层厚度、弹数应准确无误。

③ 检查射孔地质方案设计施工要求与施工备注部分。

（4）检查套补距：套后放－磁曲线图、声变测井通知单、套管程序中的套补距（联入）应与射孔地质方案设计上的套补距（联入）一致。

（5）检查套后放－磁曲线图。

① 检查套后放－磁曲线图图头数据。

a. 图头数据填写齐全，准确，井号正确。

b. 技术说明中应注明原钻机或是非原钻机测井。

c. 深度计算公式正确，计算所用的每个数据和计算结果正确。

原钻机测井：

深度计算值＝电缆零长＋马笼头长＋前磁零长－激磁器高

非原钻机测井：

深度计算值＝电缆零长＋套补距＋马笼头长＋
前磁零长－激磁器高

d. 平差：900m 以内不超过 ±0.18m，900 ～ 1100m 不

超过 ±0.22m，900m 与 1100m 之间变化范围为 0.30m。

② 检查套后放－磁曲线图曲线部分。

a. 套后放－磁曲线图纵线必须垂直，横线均匀，不得出现大小格，每 10m 误差不超过 ±0.10m。

b. 检查井底水泥塞，根据磁定位曲线起始尖峰深度加上下部连接长度算出水泥塞深度，核对实测水泥塞深度。

c. 必须保证测量井段内至少有一个特殊磁性深度记号（通称大记号），要求深度记号显示清晰。深度测量值等于大记号深度＋深度计算值＋相应的平差，误差不超过 ±0.20m。

d. 测量井段磁性深度记号应清晰、无缺失，幅度大于 3mm，主峰为单尖峰，相邻磁性深度记号间的变化范围不超过 ±0.30m。全井磁性深度记号间误差保持同一方向时，不均匀误差应小于 0.10m；若误差方向反向时，不均匀误差应小于 0.20m。

e. 射孔井段套管接箍应显示清楚、无缺失，尖峰幅度不小于 0.01m。磁性深度记号的尖峰应与接箍曲线的正尖峰方向相对，遇阻曲线的尖峰应与接箍曲线的尖峰反向。

f. 在接箍附近、套管磁化等干扰幅度应不大于接箍正尖峰幅度。

g. 套后自然伽马曲线与磁定位曲线必须记录在一张图上，全井为一条完整连续的曲线。曲线必须在变化明显地层重复测量 30 ～ 50m，自然伽马曲线与接箍曲线深度相对位置不变，重复接箍深度误差不大于 0.05m。

（6）计算标注套管接箍数据。

① 量取接箍深度并计算，计算误差不超过 5cm。

依据放－磁曲线图中每条横线（或磁记号）上的深度值，

用比例尺量出接箍信号主峰与邻近横线（或磁记号）之间的距离，加平差值，再加上（或减去）已知的横线或磁记号深度（距离浅处横线近，加上横线或磁记号深度；距离深处横线近，减去横线或磁记号深度），计算结果就是该接箍深度的读值。如图 12 所示，A 接箍距离深度为 1130m 的横线比较近，因此，在标注接箍 A 的深度时以深度为 1130m 的横线为依据，具体标注方法如下：

首先用 1 ∶ 200 的比例尺量出 A 接箍到横线之间的距离约为 0.38cm，换算后是 0.76m；然后用横线深度减掉这段距离所得的数据就是该接箍的深度，即 A 接箍深度 =1130-0.76=1129.24m；最后将数据写在图纸中该接箍附近。

同理，可以标出 B 接箍、C 接箍、D 接箍等其他所需要的接箍深度。

② 量取套管长度并计算，计算误差不超过 5cm。

测量两个接箍信号主尖峰之间的长度，加平差值，得出套管长度。如图 14 所示，用比例尺量出接箍 A 和接箍 B 之间的距离约为 5.58cm，经过比例换算后套管长度是 11.16m。

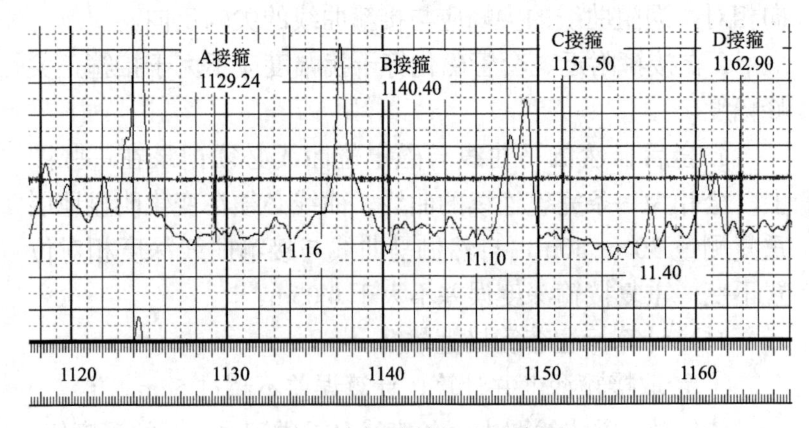

图 14　套管接箍标注示意图

③ 接箍深度和套管长度进行累加核算。

所标注的接箍深度和套管长度必须符合前一个接箍深度加上其后相邻套管的长度等于后一个接箍深度的原则。如图 14 所示，接箍 A 的深度加上它到接箍 B 之间的套管长度应该与接箍 B 的深度一致，即 1129.24+11.16=1140.40m。

（7）计算上提值。

① 根据联炮图和射孔深度通知单确定每次下井的射孔井段。

图 13 所示，本井分 3 次进行电缆输送式射孔，对应有 3 个射孔井段，结合图 9 确定每次射孔对应井段，见表 6。

表 6　射孔次数与射孔井段对应表

次数	射孔井段，m
1	1151.2 ～ 1150.2
2	1145.2 ～ 1141.7
3	1141.3 ～ 1140.9

② 根据每次射孔井段确定每次的标准接箍深度。

标准接箍的选择原则：标准接箍深度加上炮头长应不小于油层顶部深度加校正值，且所选标准接箍与待射目的层顶部之间距离最小，即中间不应有另一个接箍存在。

根据每次射孔井段和标准接箍的选择原则最终确定每次射孔的标准接箍深度及上下标数据，见表 7。

表 7　标准接箍数据表

次数	标准接箍深度，m	上标，m	下标，m
1	1151.50	11.10	11.40

续表

次数	标准接箍深度，m	上标，m	下标，m
2	1151.50	11.10	11.40
3	1140.40	11.16	11.10

③ 根据公式计算每次的上提值。

点火上提值 = 标准接箍深度 + 炮头长 −（油顶深度 + 校正值）

第 1 次射孔点火上提值 = 标准接箍深度 + 炮头长 −（油顶深度 + 校正值）

=1151.50+0.56−（1150.2−0.50）

=2.36（m）

第 2 次射孔点火上提值 = 标准接箍深度 + 炮头长 −（油顶深度 + 校正值）

=1151.50+0.56−（1141.7−0.50）

=10.86（m）

第 3 次射孔点火上提值 = 标准接箍深度 + 炮头长 −（油顶深度 + 校正值）

=1140.40+0.56−（1140.9−0.50）

=0.56（m）

（8）收拾工具，清理现场。

42. 利用 GR-CCL 组合仪确定油管输送式射孔调整值。

准备工作：

（1）正确穿戴劳动保护用品。

（2）工（用）具、材料准备：卷尺 1 把，凳子 1 把，完井工艺方案设计 1 份（图 15），油管输送式射孔施工联炮图 1 份（图 16），套后放 − 磁曲线图 1 份（图 17）。

喇嘛甸油田喇4-斜PS1322井完井工艺方案设计

一、工艺设计　　　　日期：2001年6月7日

井别	注入井	套管短节高，m		0.8
前磁遇阻深度，m	1238	套管头至补心高，m		3.65
完井方式	复合射孔	射孔参数	孔密，孔/m	16
射孔枪型	TY-102		相位，(°)	90
射孔弹型	BH48RDX-1		布孔格式	螺旋布孔
传输方式	油管传输	负压深度，m		—
井口型号及厂家	—	完井液	类型及厂家	聚驱NaCl型
油管类型	—		密度，g/mL	1.15
油管规格	—		pH值	6~9
替喷管柱深度，m	距人工井底3m以内		膨胀率，%	7
设计油管完成深度，m	1225.0		液量，t	15
试压压力，MPa	15	试压时间，min		30
投产方式	射孔投产	射孔后诱喷时间，h		72
及时诱喷措施	72	提捞	次数	—
固井时间	2010年3月10日		深度，m	—
固井质量	合格		液量，m^3	—
水泥返高，m	899.4	预测产液量，t/d		—

二、射孔小层数据

序号	层位	小层编号	射孔井段，m		厚度，m			孔数	有效渗透率 $10^{-3}\mu m^2$	地层系数 $10^{-3}\mu m^2 \cdot m$	小层压力 MPa
			自	至	夹层	射开	有效				
1	S3	9+10	1195.2	1194.2		1.0	1	16	—	—	—
2		4-8	1189.2	1185.7	5.0	3.5	1.4	56	—	—	—
							1.6		—	—	—
3		4-7	1185.3	1184.9	0.4	0.4	0.2	6	—	—	—
合计					5.4	4.9	4.2	78			

三、射孔施工要求

图15 完井工艺方案设计

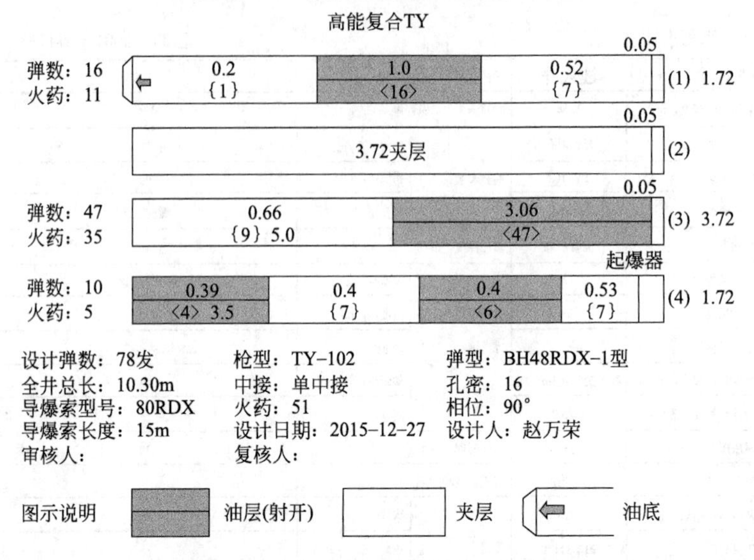

图16　油管输送式射孔施工联炮图

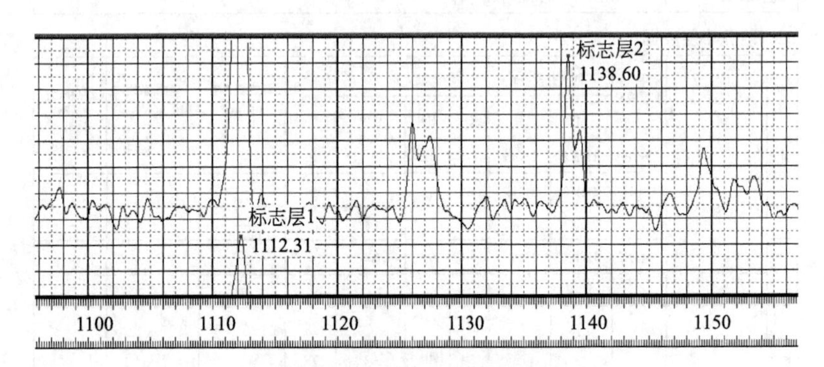

图17　套后放－磁曲线图

操作程序：

(1) 计算实际炮头长（第一发弹上界面到定位短节上接箍中点之间的距离）。

⑵ 进入施工主程序。

⑶ 选择主标志层、辅标志层。

⑷ 输入数据。

⑸ 仪器在井口平面对零。

⑹ 电缆下过 100m，打开总电源，将电压调至 40 ～ 50V、电流调至 80 ～ 90A，上提电缆，校验 GR-CCL 组合仪。

⑺ 将电压和电流调零，关闭总电源，继续下放电缆。

⑻ 距离起测深度 50m 时，打开总电源，电压调至 40 ～ 50V、电流调至 80 ～ 90A。

⑼ 达到起测深度时，上提电缆，测量出标志层、辅标志层、短标后，刹死绞车滚筒。

⑽ 点击“切换状态”目录中的编辑，查看主标志层深度，计算主标志层深度和前磁图深度的差值，点击“深度调节”选项卡的调节深度。

⑾ 指定主标志层、辅助标志层、短标深度，两个标志层之间的实际距离和理论距离差值不超过 5cm，标志层的实际深度和理论深度差值不超过 20cm。

⑿ 打开“帮助”选项卡，查看管柱调整值。

⒀ 保存曲线。

⒁ 回放并打印曲线，与前磁图对比，计算人机误差（不允许超过 20cm）。

⒂ 收拾工具，清理现场。

操作安全提示：

⑴ 雷雨天气禁止操作。

⑵ 使用计算机等用电设施注意用电安全。

43. 利用 CCL 定位法确定油管输送式射孔调整值。

准备工作：

(1) 正确穿戴劳动保护用品。

(2) 工（用）具、材料准备：射孔仪器车和绞车各 1 辆，凳子 1 把，剪刀 1 把，电工钳 1 把，卷尺 1 把，记号胶管 2m，黑胶布 1 盘，16 号铅丝适量，完井工艺方案设计 1 份（图 18），油管输送式射孔施工联炮图 1 份（图 19），套后放-磁曲线图 1 份（图 20）。

喇嘛甸油田喇4-斜PS1322井完井工艺方案设计

一、工艺设计

日期：2001年6月7日

井别	注入井	套管短节高，m		0.8
前磁遇阻深度，m	1238	套管头至补心高，m		3.65
完井方式	复合射孔	射孔参数	孔密，孔/m	16
射孔枪型	TY-102		相位，(°)	90
射孔弹型	BH48RDX-1		布孔格式	螺旋布孔
传输方式	油管传输	负压深度，m		—
井口型号及厂家	—	完井液	类型及厂家	聚驱NaCl型
油管类型	—		密度，g/mL	1.15
油管规格	—		pH值	6~9
替喷管柱深度，m	距人工井底3m以内		膨胀率，%	7
设计油管完成深度，m	1225.0		液量，t	15
试压压力，MPa	15	试压时间，min		30
投产方式	射孔投产	射孔后诱喷时间		72
及时诱喷措施	72	提捞	次数	—
固井时间	2010年3月10日		深度，m	—
固井质量	合格		液量，m^3	—
水泥返高，m	899.4	预测产液量，t/d		—

二、射孔小层数据

序号	层位	小层编号	射孔井段，m		厚度，m			孔数	有效渗透率 $10^{-3}\mu m^2$	地层系数 $10^{-3}\mu m^2 m$	小层压力 MPa
			自	至	夹层	射开	有效				
1	S3	9+10	1195.2	1194.2		1.0	1	16	—	—	—
2		4-8	1189.2	1185.7	5.0	3.5	1.4	56	—	—	—
							1.6		—	—	—
3		4-7	1185.3	1184.9	0.4	0.4	0.2	6	—	—	—
合计					5.4	4.9	4.2	78			

三、射孔施工要求

图 18 完井工艺方案设计

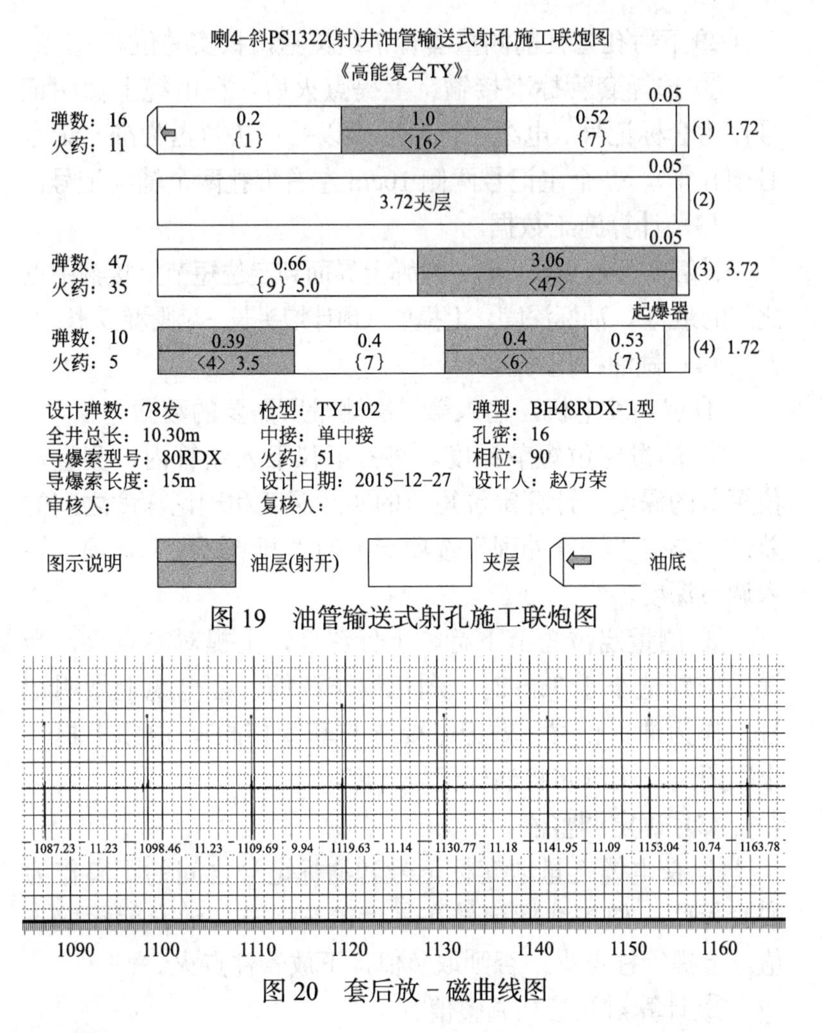

图 19 油管输送式射孔施工联炮图

图 20 套后放－磁曲线图

操作程序：

（1）检查工具与材料。

（2）做套标记号。

① 启动发电机，进入射孔施工程序，对照报表、前磁图输入数据，并检查数据输入是否准确。

② 下射孔管柱前测量套管 7 组接箍，核实井位。

③ 选择套管标准接箍，上提点火后，在电缆上做明记号作为套标记号（电缆明记号必须以井口法兰盘为准，记号必须扎牢），一个主记号两侧 10cm 左右绑扎两个辅助记号。

（3）计算施工数据。

计算实际炮头长（第一发弹上界面到定位短节上接箍中点之间的距离）、油标深度、上提值（预计炮头长－实际炮头长）。

（4）做油标记号。

① 启动发电机，输入第二次测量所需要的数据。

② 测量定位短节深度。将井下仪下入油管内，测量定位短节的深度，计算定位短节的实际深度和理论深度之间的差值，点击“深度处理”选项卡中的“调节深度”选项，输入调整深度。

③ 测量定位短节下标、上标深度，上提对零点火，当深度跟踪值小于 3cm 时，刹死绞车滚筒，在电缆上做明记号，作为油标记号（做记号要求与套管相同），电缆上提一小段距离，用胶布将油标记号缠好。

（5）确定调整值。

① 在电缆上量取套标记号和油标记号之间的距离作为油套标距。如果油标记号在靠近绞车一方，油套标距取正值，上提管柱点火；否则取负值，下放管柱点火。

② 计算射孔管柱调整值。

调整值＝套标深度＋油套标距＋总零长－（射孔顶深＋界面差）

若上提点火，需要测量起出油管长度，该长度减去油套标之间的距离，得出需要调整的短节长度。

若下放点火，则测量油管挂、补心等长度，确定所需调整短节的长度。

(6) 保存测量曲线，打印并填写施工报表。

(7) 收拾工具，清理现场。

操作安全提示：

(1) 雷雨天气禁止操作。

(2) 使用计算机等用电设施注意用电安全。

44. 验收射孔取心仪射孔后曲线。

准备工作：

(1) 正确穿戴劳动保护用品。

(2) 工（用）具、材料准备：计算机 1 台，桌子 1 张，凳子 1 把，计算器 1 个，中性笔或钢笔 1 支，射孔资料 1 份，射孔施工曲线 1 份，A4 纸 1 张。

操作程序：

(1) 检查挑选射孔资料。

① 核对所有接收资料项的井号是否一致。

② 依据射孔计算数据报表、射孔施工数据报表核对井口施工丈量数据条的施工日期、炮队、首次点火记号深度、井口高、首次丈量值、射孔电缆深度记号及施工人员的签名等项资料是否齐、全、准。

③ 依据完井工艺方案设计、射孔计算数据报表核对射孔施工数据报表上的所有资料项：油顶深度、油底深度、标准接箍深度、校正值、下标、上提值、弹型、炮头长、电缆变化、套补距、井口高、弹数、负压降液面深度及施工人员签名等是否齐、全、准。

④ 核对施工数据报表中的各次理论标准接箍深度（射孔计算报表中的标准接箍深度）与实测标准接箍深度，验证首次标准接箍深度误差在 ±3m，其余各次标准接箍深度差值在 ±1m 以内。

核对射孔施工数据报表上的理论套管长度（射孔计算报表中的下标）与实测套管长度误差为 ±0.1m。

⑤ 依据完井方案设计、射孔计算数据报表、施工数据报表核对施工检验卡中的各项数据及施工人员的签名是否齐、全、准。

⑥ 施工中的异常情况应在施工数据报表与施工检验卡的备注栏中注明。

对以上各项资料核对过程中出现的不符合项进行记录并与施工人员核实准确后由其改正。

(2) 打开计算机拷贝射后资料。

(3) 启动操作程序。

(4) 验收射后曲线。

① 进入验收曲线程序。

② 检查曲线的完整性。

③ 检查曲线在测量时操作违章情况。

④ 检查数据。

(5) 退出曲线验收程序。

(6) 按照“射后资料验收、交付工序作业指导书”进行质量评定。

(7) 收拾工具，清理现场。

操作安全提示：

使用计算机等用电设备注意用电安全。

45. 备份射孔后资料。

准备工作：

(1) 正确穿戴劳动保护用品。

(2) 工（用）具、材料准备：射孔仪器车 1 辆，数控射孔取心仪 1 台，凳子 1 把，U 盘 1 个，中性笔或钢笔 1 支，射孔资料 1 份。

操作程序：

（1）打开发电机舱门，接好发电机地线。

（2）打开发电机，用万用表测量发电机是否漏电，打开二等舱总电源。

（3）启动计算机进入施工主程序。

（4）射后资料的整理与备份。

① 插入 U 盘，进入仿真程序；

② 启动主程序进入数据管理子程序；

③ 查找、选择施工井号；

④ 按“导出”备份文件到指定目录；

⑤ 检查打印机设置；

⑥ 检查打印出的施工数据报表各项数据与计算报表是否一致。

（5）关闭程序并拔出 U 盘。

（6）关闭发电机，收好发电机地线，关闭发电机舱门。

（7）收拾工具，清理现场。

操作安全提示：

（1）雷雨天气禁止操作。

（2）使用计算机等用电设备注意用电安全。

46. 检测高能气体压裂铜柱压强。

准备工作：

（1）正确穿戴劳动保护用品。

（2）工（用）具、材料准备：螺旋测微仪 1 台，受压铜柱 1 个，计算器 1 个，中性笔或钢笔 1 支，记录单 1 份。

操作程序：

（1）安装铜柱测压器。

安装了压裂药柱的枪身在下井之前，井口工从工具盒中取出铜柱测压器，用螺丝刀逆时针将其两侧测压管上部起固定作用的螺钉卸掉。取出两个测压管，逆时针拧下压帽，取一个铜柱，平面端抹少许密封脂使它能立在压帽内。竖起测压管，顺时针拧在压帽上，上紧。压帽向上把测压管装回测压器一侧的凹槽内，用螺丝刀上紧压帽上面的螺栓。测压器由两部分组成，左上右下分别被螺栓固定，逆时针卸下螺栓，将两部分测压器对夹在距上电缆头 1m 以内的电缆上，用螺丝刀顺时针上紧其固定螺栓。

（2）调校螺旋测微仪。

测微螺杆和测砧紧密接触调零，记下误差值。

（3）高能气体压裂铜柱压力检测。

① 逆时针拧动旋钮使测微螺杆后移；

② 将铜柱放在测砧与测微螺杆之间；

③ 顺时针拧动旋钮，在测微螺杆快靠近铜柱端面时停止使用旋钮；

④ 使用微调旋钮，听到清脆的“嗒嗒”声时测微螺杆停止前进；

⑤ 读数。

螺旋测微器的读数为铜柱受压高度，测量值 = 固定刻度读数 + 可动刻度格子数 × 精度，精度为 0.01mm。

⑥ 根据测量出的铜柱受压高度，对照铜柱测压压强表换算高能气体压裂压力。

（4）填写受压后测量的铜柱高度和对应压力值。

（5）将螺旋测微仪恢复到原始状态。

（6）收拾工具，清理现场。

47. 复查油管输送式射孔 CCL 定位施工数据报表。

准备工作：

（1）正确穿戴劳动保护用品。

（2）工（用）具、材料准备：桌子1张，椅子1把，计算器1个，中性笔或钢笔1支，射孔完井工艺方案设计1份（图21）。带接箍数据的套后放－磁曲线图1份或计算用7组接箍数据（图22），放射性校深卡1份（图23），油管输送式射孔CCL定位施工数据报表1份（图24），演算纸1张。

喇嘛甸油田喇4–斜PS1322井完井工艺方案设计

一、工艺设计　　　　日期：2001年6月7日

井别	注入井	套管短节高，m		0.8
前磁遇阻深度，m	1238	套管头至补心高，m		3.65
完井方式	复合射孔	射孔参数	孔密，孔/m	16
射孔枪型	TY–102		相位，（°）	90
射孔弹型	BH48RDX–1		布孔格式	螺旋布孔
传输方式	油管传输	负压深度，m		—
井口型号及厂家	—	完井液	类型及厂家	聚驱NaCl型
油管类型	—		密度，g/mL	1.15
油管规格	—		pH值	6～9
替喷管柱深度，m	距人工井底3m以内		膨胀率，%	7
设计油管完成深度，m	1225.0		液量，t	15
试压压力，MPa	15	试压时间，min		30
投产方式	射孔投产	射孔后诱喷时间，h		72
及时诱喷措施	72	提捞	次数	—
固井时间	2010年3月10日		深度，m	—
固井质量	合格		液量，m^3	—
水泥返高，m	899.4	预测产液量，t/d		—

二、射孔小层数据

序号	层位	小层编号	射孔井段，m		厚度，m			孔数	有效渗透率 $10^{-3}\mu m^2$	地层系数 $10^{-3}\mu m^2 \cdot m$	小层压力 MPa
			自	至	夹层	射开	有效				
1	S3	9+10	1195.2	1194.2		1.0	1	16	—	—	—
2		4–8	1189.2	1185.7	5.0	3.5	1.4	56	—	—	—
							1.6		—	—	—
3		4–7	1185.3	1184.9	0.4	0.4	0.2	6	—	—	—
合计					5.4	4.9	4.2	78			

三、射孔施工要求

图21　射孔完井工艺方案设计

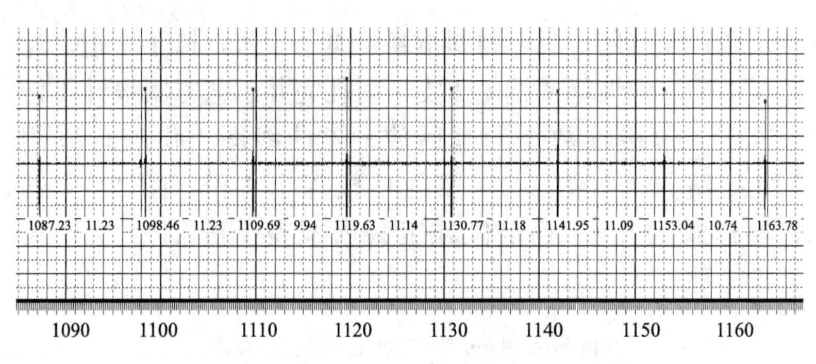

图 22　套后放－磁曲线图计算用接箍数据

放射性校深卡
喇4-斜PS1322井

<table>
<tr><td>项目</td><td>读数厚度，m</td><td>套前自然伽马深度，m</td><td>套后自然伽马深度，m</td><td colspan="2">套后自然伽马深度减套前自然伽马深度，m</td><td>备注</td></tr>
<tr><td></td><td></td><td>962.82</td><td>962.94</td><td colspan="2">+0.12</td><td></td></tr>
<tr><td></td><td>1.0</td><td>949.00</td><td>949.08</td><td colspan="2">+0.08</td><td></td></tr>
<tr><td></td><td></td><td></td><td></td><td colspan="2"></td><td></td></tr>
<tr><td></td><td></td><td colspan="5">校正值＝+0.10m</td></tr>
<tr><td>注1</td><td colspan="3">校正值为正，需加深电测深度进行校正。校正值为负需减浅电测深度进行校正</td><td>解释</td><td colspan="2">加深
需　电测深度0.10　m</td></tr>
<tr><td rowspan="2">注2</td><td colspan="3" rowspan="2">1998年2月10日以后测井分公司测的套后放磁曲线图不加滞后值；
1997年8月1日以后测井CSU测的套后放磁曲线图不加滞后值</td><td>计算员</td><td colspan="2"></td></tr>
<tr><td>审核意见</td><td colspan="2"></td></tr>
</table>

图 23　放射性校深卡

操作程序：

(1) 确定标准接箍深度。

标准接箍的选择原则：标准接箍深度加上炮头长应不小于油层顶部深度加校正值，且所选标准接箍与待射目的层顶部之间距离最小，即中间不应有另一个接箍存在。

根据射孔井段和标准接箍的选择原则结合标图数据最终

确定该次射孔的标准接箍及上下标数据，见表8。

杏2–4–E56 油管输送式射孔计算数据报表

编码：QR/SC/7–9–04

油底	油顶	标准接箍深度(L/S)	上标(L/S)	下标(L/S)	上提值	点火记号深度	丈量值	电缆变化	备注
1195.2	1082.1	1137.39	10.56	10.26	5.07	1138.02			

套补距：3.65m　弹型：DP44RDX–5　型　总弹数：98　发　实射弹数：　发　发射率：

仪器零长：0.50m　固表差：　m　滑轮误差：　m　负压降液面：　m　起爆时液面深度：

射孔日期：　点火时间：　校正值：+0.10m　井口高：　m　预计炮头长：40.00m

计算人：　审核人：

射孔队：　小队长：　操作员：　质量员：

序号	预计油标，m	油标上提，m	定位短节丈量/实测，m	实测油标深度，m	调整管标长度，m	套计深度，m	首次井口高，m
1							
2							

垫型　加垫深度：　密封井口高：

实际炮头长：　计算人：

施工备注：1.施工必须达到有关环保要求。
2.射孔施工前安装防喷器。
3.备注栏内“1”为下标遇阻，下标差实际为上标差。
4.备注栏内“2”为标准接箍遇阻，标准接箍深度实际为上标深度，下标差实际为上上标差。
5.备注栏内“3”为下放点火，下标差实际为上标差。
6.L/S分别表示理论值和现场实际测量值。
7.表格内，所有数据单位均为m。

图24 油管输送式射孔CCL定位施工数据报表

表8 标准接箍数据表

射孔井段，m	标准接箍深度，m	上标，m	下标，m
1195.2～1184.9	1153.04	11.09	10.74

（2）计算数据。

①根据点火上提值公式计算上提值。

点火上提值 = 标准接箍深度 + 炮头长 –（油顶深度 + 校正值）

=1153.04+40–（1184.9+0.10）

=8.04（m）

②根据点火记号深度公式计算点火记号深度。

点火记号深度=（油顶深度 + 校正值）–（套补距 + 炮头长 + 仪器零长）

=（1184.9+0.10）–（3.65+40+0.5）

=1140.85（m）

（3）复查报表。

① 复查报表井号。

油管输送式射孔 CCL 定位施工数据报表中的井号应与射孔完井工艺方案设计一致。图 24 报表中的井号是杏 2-4-E56，明显与射孔完井工艺方案设计不符，按照射孔完井工艺方案设计将其改正。

② 复查报表中的油底深度和油顶深度。

油管输送式射孔 CCL 定位施工数据报表中的油底深度和油顶深度应与完井工艺方案设计一致。图 24 报表中的油底深度为 1195.2m，与完井工艺方案设计一致；而油顶深度是 1082.1m，与完井工艺方案设计不符，按照完井工艺方案设计将其改正。

③ 复查标准接箍和上下标。

油管输送式射孔 CCL 定位施工数据报表中的标准接箍深度和上下标应与套后放 - 磁曲线图中标注的数据一致。图 24 报表中的标准接箍深度和上下标数据与表 8 中的数据不符，按照表 8 所给的数据将其改正。

④ 复查点火上提值及点火记号深度。

油管输送式射孔 CCL 定位施工数据报表中的点火上提值和点火记号深度数据应与计算的数据一致。图 24 报表中的上提值为 5.07m，点火记号深度为 1138.02m，明显与计算数据不一致，按照计算的数据将其改正。

⑤ 复查油管输送式射孔 CCL 定位施工数据报表下部信息。

a. 油管输送式射孔 CCL 定位施工数据报表中的套补距、弹型、弹数应与完井工艺方案设计一致。图 24 报表中的套补距为 3.65m，与完井工艺方案设计一致；弹型为

DP44RDX-5，与完井工艺方案设计不符，按照完井工艺方案设计将其改正；弹数是 98 发，与完井工艺方案设计中的合计孔数不一致，按照完井工艺方案设计将其改正。

b. 校正值与所给的放射性校深卡一致。

c. 预计炮头长与设计相符（如无特殊说明，油管输送射孔预计炮头长一般为 40m）。

（4）收拾工具，清理现场。

48. 用电位法检查电缆绝缘破坏位置。

准备工作：

（1）正确穿戴劳动保护用品。

（2）工（用）具、材料准备：ST-500 电缆故障测试仪 1 台，兆欧表及表笔线 1 套，万用表及表笔线 1 套，计算器 1 个，中性笔或钢笔 1 支，滑动变阻器 1 个，电缆 1 盘，高压电源装置 1 个，纸和棉纱适量。

操作程序：

（1）判断损坏缆芯。

① 断开滑环和鱼雷以下部件。

② 用兆欧表检查缆芯绝缘性，判断哪一根（或几根）缆芯绝缘损坏。

（2）检查电缆。

① 将万用表置于 50μA 挡或 1mA 挡。

② 将万用表接于被测电缆的两端，将兆欧表一端接缆芯，另一端接缆皮，匀速摇动兆欧表，读出万用表显示的稳定电流值 I_1。

③ 互换万用表两表笔，将兆欧表接缆芯的一端换到缆芯的另一端，匀速摇动兆欧表，读出万用表显示的稳定电流值 I_2。

(3) 计算断芯位置。

根据公式 $L_1=I_1\times L/(I_1+I_2)$ 计算出缆芯绝缘损坏的具体位置。其中，L_1 表示电缆缆芯绝缘损坏的长度，L 表示电缆总长度，I_1 表示正向绝缘电流，I_2 表示反向绝缘电流。

(4) 收拾工具，清理现场。

操作安全提示：

操作时注意安全，防止发生扎伤、砸伤、碰伤等人身伤害事故。

49. 用万用表测量交流电压、电阻。

准备工作：

(1) 正确穿戴劳动保护用品。

(2) 工（用）具、材料准备：500 型万用表 1 块，钟表螺丝刀 1 套，欧姆级、千欧级、兆欧级电阻各 1 个，0 号细砂布 1 张。

操作程序：

(1) 万用表机械调零。

① 将万用表平放在绝缘胶皮上，不能倾斜。

② 将红色表笔插入“+”插孔，黑色表笔插入“-”插孔。

③ 对万用表进行机械调零，将表针调到“0”位。

(2) 测量电压。

① 将转换开关旋转至“Ω”挡位置；选择合适的量程。

② 两表笔短路，旋转“Ω”调零器，将表针调至“0”。

③ 将转换开关旋至“V”挡位置。

④ 选择合适的量程，量程的选择应按照从高挡位到低

挡位的顺序进行，合适的量程应使表针偏转至满刻度的 2/3 位置。

⑤ 两表笔连接被测电源，接通电源。

⑥ 读出测量电压的数值。

⑦ 测量完毕后，将万用表开关置于安全位置。

（3）测量电阻值。

① 清除被测电阻引线上的氧化膜或污物。

② 将被测电阻接入两表笔之间，用手持或固定测量，用手持时，不能两手同时接触表笔。

③ 读出被测电阻的阻值，表针偏转的位置在表盘 2/3 处时读数比较准确，表针偏转位置不合适时可调整量程，改变量程后，必须重新进行电调零。

④ 测量完毕后，将万用表开关置于安全位置。

（4）收拾工具，清理现场。

操作安全提示：

（1）接电源时，手不能接触表笔的金属部分。

（2）清除氧化膜或污物时，注意避让身体。

（3）测量完毕将开关置于安全位置。

50. 使用万用表、兆欧表检查油矿电缆缆芯通断及绝缘情况。

准备工作：

（1）正确穿戴劳动保护用品。

（2）工（用）具、材料准备：500 型万用表 1 块，500V 兆欧表 1 块，钟表螺丝刀 1 套，7 芯电缆 3 ～ 5m、擦布 1 块。

操作程序：

（1）用万用表检查油矿电缆缆芯通断。

① 万用表机械调零。

a. 将红色表笔插入“+”插孔，黑色表笔插入“-”插孔。

b. 对万用表进行机械调零，将表针调到“0”位。

② 万用表电调零。

a. 将转换开关旋转至“Ω”挡位置，选择合适的量程。

b. 两表笔短路，旋转“Ω”调零器，将表针调至“0”。

③ 测量通断。

a. 清洁引线。

b. 将被测电阻接入两表笔之间，用手持或固定测量。

c. 读出测量电阻的阻值，表针偏转的位置在表盘 2/3 处时读值准确，阻值与电缆阻值一致则表示电缆缆芯为通路，反之则断路。

④ 还原万用表。

a. 测量完毕，将万用表开关置于安全位置。

b. 取下引线并放好。

(2) 使用兆欧表检查油矿电缆缆芯通绝缘情况。

① 连接引线。

用引线连接兆欧表并拧紧。

② 检查兆欧表。

a. 兆欧表开路检查。

b. 兆欧表闭路检查。

③ 检查绝缘性。

a. 清洁引线。

b. 引线分别连接缆芯与电缆外皮。

c. 摇动兆欧表。

d. 兆欧表读数。

④ 短接放电。

⑤ 取下引线、并放好。

(3) 收拾工具，清理现场。

操作安全提示：

(1) 手持万用表时，不能两手同时接触表笔。

(2) 测量完毕应将开关置于安全位置。

(3) 兆欧表放电之后方可取下引线。

(4) 摇动兆欧表时不能接触引线金属部分，防止触电。

51. 判断滑套通断和绝缘情况。

准备工作：

(1) 正确穿戴劳动保护用品。

(2) 工（用）具、材料准备：滑套总成 1 套，500 型万用表 1 块，500V 兆欧表 1 块，专用扳手 1 把，活动扳手 1 把，擦拭布 1 块，密封脂 0.1kg。

操作程序：

(1) 检查部件。

检查部件有无损伤。

(2) 清洁部件。

① 清洁螺纹、密封部件。

② 清洁枪头内部和连杆外部。

(3) 检查绝缘情况。

① 检查兆欧表开路、闭路时是否符合要求。

② 使用兆欧表测量滑套上触点与滑套外皮绝缘性，其阻值应大于 500MΩ。

③ 使用兆欧表测量滑套下触点与滑套外皮绝缘性，其阻值应大于 500MΩ。

④ 记录数据。

（4）检查通断情况。

① 将红色表笔插入“+”插孔，黑色表笔插入“-”插孔。

② 对万用表进行机械调零，将表针调到“0”位。

③ 将转换开关旋转至“Ω”挡位置，选择合适的量程。

④ 两表笔短接，旋转“Ω”调零器，将表针调至“0”。

⑤ 读取万用表数值，滑套阻值为 0 ～ 10Ω 则表通路正常，滑套阻值无穷大则代表断路正常。

（5）收拾工具，清理现场。

操作安全提示：

（1）兆欧表放电之后方可取下引线。

（2）摇动兆欧表时不能接触引线金属部分，防止触电。

52. 连接 TCP 监测仪。

准备工作：

（1）正确穿戴劳动保护用品。

（2）工（用）具、材料准备：笔记本电脑 1 台，采集设备 1 台，地面震动传感器 1 套，井口震动传感器 1 套，手套 1 副，擦拭布 2 张。

操作程序：

（1）检查部件。

① 检查采集设备是否安装驱动。

② 打开笔记本电脑检查是否安装监测程序。

③ 检查采集设备的两个端口是否干净、好用。

④ 检查地线、井口线有无破损。

⑤ 清洁震动传感器的尾椎和磁力座表面，避免影响接收效果。

（2）设备连接。

① 井口震动传感器磁力座应垂直吸附在采油树上，

吸附前将防吸片去掉，如被吸附物体表面有油污则清理干净。

② 地接震动传感器垂直插入离井口 10 ～ 20m 比较平坦的坚硬地层中。

③ 采集设备摆放远离井口 30m，避免起爆后井口出现危险。

④ 采集设备的 2 个端口分别对应地线和井口线。

⑤ 输入射孔起爆相关参数。

⑥ 分别设置地线、井口两个通道增益数值。

（3）检查连接质量。

① 检查工作指示灯和电源指示灯是否正常。

② 打开监测程序检查整个系统是否正常工作。

（4）收拾工具，清理现场。

操作安全提示：

监测时保持距离井口 30m 以上的安全距离。

53. 连接滑套和仪器。

准备工作：

（1）正确穿戴劳动保护用品。

（2）工（用）具、材料准备：滑套 1 套，磁性定位器 1 个，500 型万用表 1 块，ZC25-3 兆欧表 1 块，450mm 管钳 2 把，100mm×5mm 一字形螺丝刀 1 把，擦拭布 1 块，密封脂 1 桶。

操作程序：

（1）检查部件。

① 检查密封圈。

② 检查螺纹。

③ 检查滑套通断、绝缘情况。

⑵ 检查磁性定位器的阻值。

① 检查万用表并调零。

② 将万用表置于“$R\times100\Omega$”挡，表笔分接仪器总成的上、下触点，检查双向二极管阻值，然后两表笔对调，检查双向二极管反向阻值。

③ 将万用表置于“$R\times100\Omega$”挡，表笔分接仪器总成的上触点和外壳，检查线圈阻值。

④ 将万用表置于“$R\times100\Omega$”挡，表笔分接仪器总成的下触点和外壳，检查线圈阻值。

⑶ 连接设备。

① 清洁螺纹。

② 抹密封脂。

③ 管钳打背位置。

④ 设备连接牢固。

⑷ 检查连接质量。

① 检查连接是否牢固。

② 检查通断情况。

⑸ 收拾工具，清理现场。

操作安全提示：

管钳打背时，注意打背方向，防止打背方向错误导致管钳飞出伤人。

54. 用雷管测试仪测量电雷管桥丝电阻。

准备工作：

⑴ 正确穿戴劳动保护用品。

⑵ 工（用）具、材料准备：安全电雷管 1 枚，F 形扳手 1 把，QJ41 型电雷管测试仪 1 台，钟表螺丝刀 1 套，0 号细砂布 1 张。

操作程序：

（1）校正测试仪。

① 将指针调到左端刻度线上。

② 估测电雷管桥丝电阻值。

③ 转动校准旋钮使指针停在“△”中间。

（2）测量电雷管桥丝电阻。

① 将电雷管 2 根引线用细砂布打磨干净。

② 把电雷管引线固定在仪表的接线柱和按钮上。

③ 按下按钮准确读出电雷管桥丝电阻值。

（3）测量后操作。

① 测量完毕后将转换开关置于“关”的位置。

② 测量完毕，将电雷管 2 根引线短接并放在安全位置。

（4）收拾工具，清理现场。

操作安全提示：

接触电雷管前要有效释放静电。

55. 连接内套接头与磁性定位器。

准备工作：

（1）正确穿戴劳动保护用品。

（2）工（用）具、材料准备：内套接头 1 个，密封脂 1 桶，磁性定位器 1 个，500 型万用表 1 块，500V 兆欧表 1 块，管钳 2 把，一字形螺丝刀 1 把，抹布 1 块。

操作程序：

（1）检查部件。

① 检查密封圈有无裂痕。

② 检查螺纹有无损坏。

③ 检查内套接头通断、绝缘情况。

④ 按照作业指导书要求，检查磁性定位器。

（2）连接设备。

① 检查螺纹有无损坏。

② 清洁螺纹。

③ 管钳打好背钳。

④ 将内套接头插入磁性定位器，顺时针旋转磁性定位器。

⑤ 安装顶丝。

（3）检查连接质量。

① 检查内套接头与磁性定位器连接是否牢固。

② 检查通断情况。

（4）收拾工具，清理现场。

操作安全提示：

（1）万用表接电源时，手不能接触表笔的金属部分。

（2）万用表测量完毕应将开关置于安全位置。

（3）管钳打背钳时，注意打背方向，防止打背方向错误导致管钳飞出伤人。

56. 检查撞击式井壁取心器主体的通断与绝缘情况。

准备工作：

（1）正确穿戴劳动保护用品。

（2）工（用）具、材料准备：0 号细砂布 2 张，擦拭布适量，黑胶布 1 盘，高压绝缘胶布 1 盘，250mm 一字形螺丝刀 1 把，500 型万用表 3 块，200mm 活动扳手 1 把。

操作程序：

（1）选择工（用）具及材料。

（2）检查药室触点的通断情况。

① 检查前用细砂布将药室触点逐个打磨干净并用抹布擦拭。

② 用万用表两表笔分别连接药室触点和选发器上对应的接点，电阻值应小于1Ω。

③ 检查触点、触点线是否符合要求，有问题的要更换。

(3) 检查药室触点的绝缘情况。

① 将万用表置于“$R\times10\text{k}\Omega$”挡，两表笔分别接药室触点和外壳，其绝缘电阻应大于50kΩ。

② 用连接触点的表笔逐一检查所有药室，对于不符合要求的药室，要检查触点引线与触点螺钉的绝缘情况，有问题的要进行更换。

(4) 检查选发换挡和指示挡。

① 万用表红色表笔连接药室触点，黑色表笔连接外壳，万用表置于“$R\times1\Omega$”挡，万用表另一支红色表笔连接指示线。

② 操作电源进行换挡操作，用万用表连接点火线的红色表笔接触第一个药室的触点，换挡使万用表导通。

③ 第一个药室触点使点火线万用表导通时，指示引线的万用表置于“$R\times1\text{k}\Omega$”挡，其表针应回到零位。

④ 连接点火线的红色表笔移至第二个药室的触点接通电源换挡，听到换挡声音立即切断电源，点火线的万用表应该导通，指示引线的万用表表针相应移动。

⑤ 逐次检查井壁取心器所有药室并观察点火线万用表是否导通，观察指示引线万用表表针是否移动。

(5) 收拾工具，清理现场。

操作安全提示：

(1) 万用表接电源时，手不能接触表笔的金属部分。

(2) 万用表测量完毕应将开关置于安全位置。

57. 保养井口滑轮。

准备工作：

（1）正确穿戴劳动保护用品。

（2）工（用）具、材料准备：润滑脂500g，柴油1000mL，棉纱或擦拭布适量，450mm管钳1把，200mm一字形螺丝刀1把，300mm一字形螺丝刀1把，500 g铁锤1把，油盆1个。

操作程序：

（1）选择工（用）具及材料。

（2）拆卸井口滑轮。

① 取出顶丝，卸掉夹板两侧的固定螺母，取下夹板、齿圈。

② 依次取下轴承挡圈，取出轴承、轴体。

（3）清洗和保养井口滑轮。

① 清洗轮体及零部件并擦拭干净。

② 检查轮轴、轴承有无损坏，如有损伤应及时更换。

③ 给轴承涂抹润滑脂。

（4）组装井口滑轮。

① 将轴承装入轴体，装上齿圈、轴承挡圈。

② 装上夹板，紧固夹板螺母，锁紧顶丝。

（5）收拾工具，清理现场。

操作安全提示：

（1）拆卸及组装井口滑轮时，用力要均匀，防止手指插入夹板缝被挤压。

（2）管钳打背时，注意打背方向，防止打背方向错误管钳飞出伤人。

58. 装配井壁取心器。

准备工作：

（1）正确穿戴劳动保护用品。

（2）工（用）具、材料准备：药包36个，岩心筒36个，钢丝绳套36个，白纱带1卷，砂纸1张，万用表1块，兆欧表1块，常用工具1套，专用工具1套。

操作程序：

（1）选择工（用）具及材料。

（2）枪体准备。

① 清洁枪体上的油脂及铁锈，并检查点火螺栓部分密封情况。

② 检查枪头航空插头与点火螺栓的通断情况；检查枪头航空插头对枪身的绝缘情况。

（3）准备选发器。

① 检查选发器有无松扣变形，检查选发器插座与引线电阻，应为直通状态。

② 操作步进器跳挡一周，若工作正常将选发器锁在最后一挡。

（4）检查准备的药包和岩心筒：检查每个药包的通断情况，给各岩心筒装O形密封圈；用钢丝绳挂好岩心筒。

（5）组装取心器。

① 将岩心筒钢丝绳固定到枪体上，安装岩心筒。

② 检查枪体与各引线通断情况是否良好；将钢丝绳有序地固定在枪身两侧。

③ 连接固定选发器，安装选发器保护壳。

（6）收拾工具，清理现场。

操作安全提示：

抬放取心器时，需两人配合，动作要同步协调，避免取心器掉落砸伤施工人员。

59. 装配火药包和岩心筒部分。

准备工作：

（1）正确穿戴劳动保护用品。

（2）工（用）具、材料准备：岩心筒及其配件36套，各种规格火药包各50个，黑胶布1盘，白纱带1盘，250mm游标卡尺1把，螺纹规1副，250mm钢板尺1把，岩心筒扳手1把，200mm电工钳1把，125mm一字形螺丝刀1把，万用表1块。

操作程序：

（1）选择工（用）具及材料。

（2）选用火药包和岩心筒。

① 根据井壁取心通知单选择岩心筒。

② 根据井壁取心通知单选择火药包。

（3）安装岩心筒总成。

① 装配岩心筒底座和底座密封圈。

② 选配合适的岩心筒钢丝绳。

（4）清理药室并选择火药包。

① 把取心器放在架子上，清洁药室的引火螺栓。

② 根据井深、钻井液性能、井眼直径、岩性选择火药包药量。

③ 检查火药包是否漏药。

④ 检查点火桥丝电阻值是否为1～2Ω。

（5）装火药包和岩心筒。

① 将检查过的火药包依次装入取心器的各个药室。

② 把岩心筒推入弹道，岩心筒必须推到位。

③ 拧紧各岩心筒的排气孔螺钉。

④ 摆顺钢丝绳。

(6) 装配后检查。

装完火药包和取心筒后，卸下选发器外壳，测量各火药包的通断情况，从枪体插头测量药室火药包电阻，其阻值应为 1.5 ～ 2Ω。

(7) 完成封装。

① 装上选发器外壳并上顶丝，同时装好密封头。

② 上好吊环并上顶丝，顶丝必须上到位，不能高于螺孔平面。

(8) 收拾工具，清理现场。

操作安全提示：

拿放火药包时，要轻拿轻放，防止火药包受损。

60. 制作单芯电缆头及组装滑套总成 。

准备工作：

(1) 正确穿戴劳动保护用品。

(2) 工（用）具、材料准备：黑胶布 1 盘，尼龙绳 1 卷，密封脂 1 筒，单芯电缆头配件 1 套，断线钳 1 把，100mm 电工钳 1 把，75mm 斜口钳 1 把，250mm 一字形螺丝刀 1 把，450mm 管钳 1 把，500 型万用表 1 块，500V 兆欧表 1 块，滑套总成配件 1 套，密封脂 0.1kg，抹布 1 块，专用扳手 1 把，活动扳手 1 把。

操作程序：

(1) 制作单芯电缆头。

① 选择工（用）具及材料。

② 检查电缆的通断、绝缘情况，读出数据，给出判断结果。正常情况下，电缆每千米阻值为 9Ω，电缆绝缘阻值

为 550MΩ。如果电缆的阻值不正常，需要查明原因排除故障后再进行下一步操作。

③ 用黑胶布包扎好后，再用断线钳剪齐电缆。

④ 使电缆穿过电缆头上、下两部分，使电缆穿过铜卡芯。

⑤ 将电缆外皮钢丝按顺序折回穿过铜卡芯小孔，并逐根拉紧，将铜卡芯外层的电缆钢丝包扎紧；剪短电缆内层钢丝，折回少许并包扎好，使电缆缆芯裸露 15cm 左右，内层钢丝裸露 2cm 左右。

⑥ 将压紧垫圈套到缆芯上并上至铜卡芯处。

⑦ 将缆芯穿过锥形胶管后与锥形接头连接。

⑧ 在锥形胶管内涂少许密封脂，将锥形胶管套入电缆头接头上端，用尼龙绳扎紧锥形胶管上、下两端。

⑨ 紧固电缆头和接头各部位的连接螺纹。

⑩ 用 500 型万用表检查电缆头的通断情况。

⑪ 用 500V 兆欧表检查电缆头的绝缘情况（绝缘电阻应大于 500MΩ）。

（2） 组装滑套总成。

① 选择工（用）具及材料。

② 检查零件有无损伤。

③ 清洁螺纹、密封部件。

④ 清洁枪头内部和连杆外部。

⑤ 滑套总成连杆芯穿过绝缘塑料管。

⑥ 安放滑套总成各部分配件。

⑦ 确认装配组件连接牢固。

⑧ 安装快速接头、备帽。

⑨ 检查通断情况。

⑩ 检查绝缘情况。

(3) 收拾工具，清理现场。

操作安全提示：

(1) 剪电缆时，要防止被剪刀割伤。

(2) 使用兆欧表后，要对兆欧表进行短路放电，防止被电击。

61. 连接桥塞与桥塞输送工具。

准备工作：

(1) 正确穿戴劳动保护用品。

(2) 工（用）具、材料准备：桥塞 1 套，桥塞输送工具 1 套，擦布 1 块，密封脂 0.1kg，管钳 2 把。

操作程序：

(1) 选择工（用）具及材料。

(2) 清洁设备。

① 清洁桥塞工具。

② 清洁桥塞剪切环螺纹。

③ 清洁连接螺纹。

(3) 检查组件。

① 检查桥塞输送工具连接接头。

② 检查桥塞。

③ 检查螺纹。

(4) 连接设备。

① 顺时针旋转桥塞推筒，露出桥塞连接接头。

② 拧紧桥塞。

③ 逆时针旋转推筒，使推筒与桥塞推筒卡槽接触。

④ 拧紧推筒备帽。

⑤ 连接过程中抹密封脂。

（5）检查连接质量。

① 检查推筒备帽是否连接紧固。

② 检查桥塞与工具连接是否紧固无缝隙。

③ 检查桥塞有无损坏和变形。

（6）收拾工具，清理现场。

操作安全提示：

抬放桥塞、桥塞输送工具时，要抓住工具合适位置，避免工具滑落砸伤。

62. 连接射孔取心下井仪器。

准备工作：

（1）正确穿戴劳动保护用品。

（2）工（用）具、材料准备：硅脂 1 盒，ϕ16mm 麻绳 1 根，黑胶布 1 盘，大六角扳手 2 把，小六角扳手 2 把，勾头扳手 2 把，专用套筒扳手 1 把，500 型万用表 1 块，500V 兆欧表 1 块。

操作程序：

（1）选择工（用）具及材料。

（2）检查电缆头。

用万用表测量电缆头的线路电阻和马笼头的线路接触电阻，读出数据，阻值应在 50Ω 以下。

（3）检查电缆头的绝缘情况。

① 用兆欧表测量电缆头各缆芯的绝缘电阻，阻值应大于 550MΩ，测完绝缘电阻的各缆芯都应对地短路放电，检查后给出判断结果。

② 用兆欧表测量马笼头各接点线路的绝缘电阻，测完马笼头的各接点都应对地短路放电，检查后给出判断结果。

（4）检查下井仪器。

① 检查电极系或磁定位器的通断与绝缘情况，确定各项技术指标是否符合要求。

② 连接电缆与马笼头，并检查整体通断、绝缘情况。

（5）检查马笼头。

① 检查各胶套内是否充满硅脂。

② 检查连接部位的牢固程度。

③ 检查电缆是否锈蚀。

④ 检查电缆外皮是否松动、散开。

（6）连接马笼头与下井仪器。

① 检查下井仪器各部件的连接是否牢固，连接时注意定位销或有关标记。

② 连接完毕，检查各部件（如顶丝、密封圈、连接螺纹）的连接是否正确、安装是否齐全。

（7）将下井仪器吊入井，马笼头在井口起、下时要戴好鹅颈套，下井仪器尾部拴好拉绳，缓慢移动，严禁碰撞。

（8）收拾工具，清理现场。

操作安全提示：

（1）抬放工具时，要抓住工具合适位置，避免工具滑落砸伤。

（2）管钳打背时，注意打背方向，防止打背方向错误管钳飞出伤人。

（3）使用兆欧表后，要对兆欧表进行短路放电，防止被电击。

63. 测试数控射孔取心仪供电网络。

准备工作：

（1）正确穿戴劳动保护用品。

（2）工（用）具、材料准备：试电笔1支，数字式万用表1块，500V兆欧表1块，200mm电工钳1把，射孔取心仪操作工具1套，水桶1个。

操作程序：

（1）选择工（用）具及材料。

（2）接好地线，接地线电阻值不得超过4Ω。

（3）连接电源线。

①先选择电源连接位置，检查电源电压是否符合要求。

②接好电源，确保连接牢固、接触良好。

（4）接通总电源开关。打开UPS电源开关，使调压器输出电压为198～242V，确认仪器能正常工作。

（5）检查仪器漏电情况。

①用万用表检测仪器漏电情况。

②仪器漏电电压不能超过10V。

（6）检查仪器电源。

①检查仪器是否具有射孔点火电源、取心换挡电源、自然伽马供电电源和电阻率测量下井电源。

②检测以上各电源是否符合技术说明要求。

（7）仪器工作完毕和通电后，开关应置于安全位置。

（8）收拾工具，清理现场。

操作安全提示：

（1）工具轻拿轻放。

（2）发电前绞车内所有人员要撤离绞车，检查发电机是否漏电。

64. 测试数控射孔取心仪深度系统。

准备工作：

（1）正确穿戴劳动保护用品。

（2）工（用）具、材料准备：仪器配件适量，仪器维修工具1套，万用表1块，500V兆欧表1块。

操作程序：

（1）选择工（用）具及材料。

（2）接通电源，打开UPS电源开关。

（3）安装深度装置。

接好机械深度模拟设备及机械计数器；分别运行射孔程序和取心程序。

（4）深度测试。

① 连接磁性定位器，在标准井内运行射孔程序。

② 模拟电缆下放1000m，再上提1000m，计算机显示深度和机械计数器深度之差应为 ±0.2%；输入待测井段的套管接箍深度，电缆下放1000m，再上提1000m，实测深度值与原值误差应为 ±0.02%。

（5）读数范围测试。

机械深度读数和显示器显示读数的范围应为0～9999.9。

（6）速度测试。

① 电阻率和自然电位测量：运行取心程序，电阻率模拟器置于10Ω·m挡，接入电阻率通道口。

② 模拟电缆上提1000m，测速为3600m/h，测量过程要连续，并做好记录，确保不丢失深度和曲线；观察显示器上的速度显示，与机械深度的误差应为 ±10%。

③ 套管接箍测量：连接磁性定位器，在标准井内运行射孔程序；电缆上提1000m进行测量，测速为1500m/h，测量过程要连续，并做好记录，确保不丢失深度和曲线；观察显示器上的速度显示，与机械深度的误差应为 ±10%。

④ 自然伽马测量：连接自然伽马测井仪，运行测井/校

深程序；电缆上提1000m进行测量，测速为800m/h，测量过程要连续，并做好记录，确保不丢失深度和曲线；观察显示器上的速度显示，与机械深度的误差应为 ±10%。

(7) 试验完毕后，各开关应置于安全位置。

(8) 收拾工具，清理现场。

操作安全提示：

(1) 抬放工具时，要抓住工具合适位置，避免工具滑落砸伤。

(2) 管钳打背时，注意打背方向，防止打背方向错误管钳飞出伤人。

(3) 使用兆欧表后，要对兆欧表进行短路放电，防止被电击。

(4) 注意用电安全。

65. 测试数控射孔取心仪点火系统和记录系统。

准备工作：

(1) 正确穿戴劳动保护用品。

(2) 工（用）具、材料准备：仪器操作工具1套，万用表1块，500V兆欧表1块，热敏纸1卷，仪器操作工具1套，300mm比例尺1把。

操作程序：

(1) 测试数控射孔取心仪点火系统。

① 选择工（用）具及材料。

② 校验准备。

a. 打开仪器总电源和18 V电源。

b. 将“测量、校验”开关置于“校验”位置。

c. 将自动面板的“射孔、取心”开关置于“取心”位置。

③ 取心点火试验。

a. 打开“保险”开关，接线面板中的点火线路校验指示灯应亮。

b. 点火面板电压表指示应为 270V±20V。

④ 射孔点火试验。

a. 打开“保险”开关，接线面板中的点火线路校验指示灯应亮。

b. 将自动面板里的“射孔、取心”开关置于“射孔”位置，这时点火线路校验指示灯应灭。

c. 将 16m 转数盘两指针同时回到零位，使各自控制的触点连通。

d. 打开“自动点火”开关，点火指示灯亮，并听到自动点火面板中蜂鸣器的响声。

⑤ 试验后的操作。

a. 按“先开后关，后开先关”的顺序将所有开关置于安全位置。

b. 拔下“保险”开关钥匙。

⑥ 收拾工具，清理现场。

（2）测试数控射孔取心仪记录系统。

① 选择工（用）具及材料。

② 模拟记录测试。

a. 连接机械深度模拟设备，深度比例选择 1 ： 200，首先运行射孔程序，将所测数据存盘，并运行绘图程序，绘图仪绘图 50cm。

b. 将低频信号发生器输出的脉冲信号接入脉冲计数率通道入口，信号频率为 100Hz，幅度大于 300mV。

c. 测速为 3600m/h 时，绘图仪绘图时不应丢失深度数据和曲线。

d. 回放曲线，检查回放速度是不是达到 3600m/h。

e. 调整深度比例，检查所测曲线是否符合要求。

f. 检查所测曲线的走纸误差是不是符合误差小于 1% 的要求。

③ 数字记录测试。

a. 分别运行射孔程序、取心程序和测井校深程序。

b. 运行程序时键入存盘命令，所测数据应记录存盘。

c. 检查存盘文件应包括测井数据文件、测试记录文件和参数输入文件。

④ 图头测试。

a. 分别运行射孔程序、取心程序和测井校深程序。

b. 运行绘图程序，实时测量出图。

c. 检查图头是否有油田名称、公司名、井名、曲线名称、深度比例、队名、操作人、队长、验收人、测井日期、文件名和下井仪器型号。

⑤ 测试后的操作。

仪器所有开关置于安全位置，仪器操作室要清洁整齐。

⑥ 收拾工具，清理现场。

操作安全提示：

（1）工具轻拿轻放。

（2）发电前绞车内所有人员要撤离绞车，检查发电机是否漏电。

66. 测试数控射孔取心仪射孔指标。

准备工作：

（1）正确穿戴劳动保护用品。

(2) 工（用）具、材料准备：仪器操作工具1套，万用表1块，500V兆欧表1块，2m射孔枪1支，磁性定位仪1台。

操作程序：

(1) 选择工（用）具及材料。

(2) 连接磁性定位仪。

① 用万用表测量磁性定位仪的阻值，并能准确读出数值。

② 检查磁性信号。

③ 万用表电流挡置于50μA量程，用铁器物件在仪器外壳来回划动，观察万用表有无读数。

④ 连接磁性定位仪与电缆马笼头。

(3) 射孔程序测试。

① 在上提方式下连续进行套管接箍的测量，测量的套管单根数量不能少于6根，必须包括短套管1根。

② 对比测量的套管值和原图实际值，计算每根套管长度误差值，应在 ±5cm 之内。

(4) 不停车自动定位测试。

① 选择模拟射孔井段，输入射孔井段的套管接箍数据、标准接箍深度和上提值，选择不停车自动跟踪定位方式。

② 将仪器下放到测量井段深度进行下放测量，测过标准接箍后停车上测；随着电缆上提，到达标准接箍时观察仪器能否自动识别跟踪，上提值发生变化。

③ 当上提值减到0时，计算机自动发出点火命令，可以听到继电器工作的声音，同时绘出点火线和跟踪测量曲线，测量点火线到标准接箍的长度与计算上提值的误差，应在 ±5cm 之内。

（5）停车定位点火测试。

① 选择模拟射孔井段，输入射孔井段的套管接箍数据、标准接箍深度和上提值，选择人工停车定位方式。

② 将仪器下放到测量井段深度进行下放测量，测过标准接箍后停车上测；随着电缆上提，到达标准接箍时观察仪器能否自动识别跟踪，上提值计数是否发生变化。

③ 当上提值计数减到 0 时，人工停车，人工控制计算机发出点火命令，同时自动绘出点火线；绘出跟踪测量曲线，测量点火线到标准接箍的长度与计算上提值的误差，应在 ±10cm 之内。

（6）测试后操作。

关闭仪器和总电源。

（7）收拾工具，清理现场。

操作安全提示：

（1）工具轻拿轻放。

（2）发电前绞车内所有人员要撤离绞车，检查发电机是否漏电。

67. 调校 SCQX-Ⅱ型撞击式井壁取心器控制系统。

准备工作：

（1）正确穿戴劳动保护用品。

（2）工（用）具、材料准备：SCQX-Ⅱ型取心器配件 1 套，高压胶布 1 盘，润滑脂 500g，试电笔 1 支，万用表 1 块，钟表螺丝刀 1 套。

操作程序：

（1）选择工（用）具及材料。

（2）装配地面控制仪与取心枪。

① 断开控制仪电源，打开控制仪后的压条并抽出上面的盖板。

② 用钟表螺丝刀调整线路板左下方的电位器 R_{w2}，使其电阻值约为 38kΩ。

③ 连接取心枪与控制仪并通电。

④ 按下“换挡”和“自动”按钮，选发器转动，停在下一个挡位继续调节 R_{w2} 的阻值，每次换挡停位均不同，使得每次换挡停位最佳。

（3）装配选发器与取心枪。

① 选发器与枪体连接时，应对准键槽，用手轻推选发器，当 45 芯插座各针及键槽正确插入后用手转动固定环，一边转动，一边用力推进选发器，严禁整体转动选发器。

② 将选发器装好后，盖大盖之前应检查固定环是否拧到底，如果未拧到底可能会拧断 45 芯插头。

（4）连接选发器与地面控制仪。

通过电缆缆芯与地面控制仪的输出端连接选发器的换挡线和点火线，注意不要把引线接反，一般可用万用表判定两线位置，方法：万用表黑色表笔接主体外壳，红色表笔分别测量两线，阻值为 120Ω 的为换挡电动机引线，阻值为 65Ω 或 185Ω 左右的为点火引线。

（5）控制仪自检。

① 接通电源，打开电源开关，电源指示灯亮，点火指示灯、点火按钮指示灯均亮。

② 计算机监控和颗数显示为“00”，蜂鸣器响 1s 后停止。

（6）检查控制仪选发性能。

控制仪和井壁取心器主体连接后，将选择开关置于“换挡准备”位置，按动“自动”换挡按钮，换挡指示灯亮，电流表指示应有“通－断－通”摆动，换挡指示灯灭后，换挡指示应加“1”，5mA电流表约在4mA处，再按“自动”换挡按钮则重复上述现象，换挡显示再加“1”，控制仪将选发器参数自动测量完毕。

（7）同步置零的调校。

将地面控制仪的开关置于“同步置零”，5mA电流表指示在约为2mA处，按动“自动”按钮后表头连续“通－断－通”摆动，在“触点”时电流表指示约为2mA。“断点”时指针指示为0，依次反复，颗数保持不变，监视显示的计数连续变化，直到换挡指示灯熄灭，指针停止摆动，“同步置零”报警，此时挡位显示及监控显示均自动复位，“00”表示控制仪与井下选发器同步，都在“00”位置。

（8）换挡调校。

将地面控制仪开关置于“换挡准备”位置，按动“自动”换挡按钮，选发器会自动换“01”挡，此时监视显示和颗数显示均为“01”，表明取心器主体的第一颗药室触点与点火变压器接通。

（9）点火。

① 点火前的药包检查：将开关置于“药包测试”位置，应有6.3V交流电经过表头，进入点火线到达点火变压器初级绕组上，药包桥丝与点火触点接触良好，则电流表指示在2mA左右，否则应进行检查。

② 点火：将开关置于“点火准备”位置，按下“点火”按钮，在10～20s内，火药包被引爆，电流表指针摆动一下，并指示在3mA左右。

（10）收拾工具，清理现场。

操作安全提示：

（1）工具轻拿轻放。

(2) 发电前绞车内所有人员要撤离绞车，检查发电机是否漏电。

68. 检查及组装常规射孔器。

准备工作：

(1) 正确穿戴劳动保护用品。

(2) 工（用）具、材料准备：枪身支架2个，桌子1张，管钳2把，一字形螺丝刀1把，锁口钳1把，胶锤2把，卷尺1把，单面刀片1块，棉纱若干，射孔枪1支，射孔弹架1支，射孔弹10发，导爆索1.5m，安全雷管1发，黑胶布1盘，联炮图1份，密封圈若干。

操作程序：

(1) 做好漏电检查，将万用表挡位设置在“交流电流”“×50mA”上后，将万用表的表笔分别接井架和接地，显示漏电电流在10mA以内则正常，如超过10mA应停止施工。

(2) 设置联炮区，铺防油垫布，放置警示牌。

(3) 检查射孔器、射孔弹架、射孔弹、导爆索、雷管、密封圈质量，清洁螺纹、密封部件。

(4) 将射孔弹按联炮图上油夹层的要求用胶锤装入弹架相应孔内，射孔弹相位按联炮图设计要求组装，导爆索按顺时针方向缠绕，且头部预留20～25cm，尾部预留5～10cm，每个弹层首尾两发弹用胶布缠牢，射孔弹触点与导爆索应接触良好。

(5) 检查弹架导爆索、射孔弹是否完好，导爆索端面是否漏药，导爆索护帽是否松动。

(6) 检查弹架定位托盘是否装反，固定定位托盘顶丝是否上紧，定位销是否完好。

(7) 将完好的弹架放入射孔枪内，射孔弹应对准盲孔。

(8) 将弹架上的定位螺钉拧入枪体定位槽，或将定位销对准定位槽。

(9) 枪头、枪尾安装密封圈，涂抹好黄油。

(10) 联炮工乙用36in管钳反背，管钳卡口距枪身两端约20cm，侧对管钳头部站立，一只手扶住管钳头部，联炮工甲用24in管钳顺时针旋转安装枪头、枪尾，枪头、枪尾端面与枪身两端面紧密接触后，再用力拧紧。

(11) 雷管地线贴在枪头槽体内壁上，雷管火线从点火胶垫中心穿过并固定在弹簧上，同时将绝缘胶垫嵌入枪头，压紧地线。

(12) 清理场地收回工具。

操作安全提示：

(1) 遇有雷雨、大风、沙尘暴、暴雨等恶劣天气时应停止施工，采取紧急避险措施。

(2) 施工过程中要妥善保管火工品，以防丢失。

(3) 联炮区严禁烟火，严禁使用电子设备。

(4) 禁止使用任何仪表测量雷管阻值。

(5) 禁止将枪身卸在油管上或在油管上联枪，禁止脚踏油管，防止管桥倒塌造成人身伤害。

69. 检查及组装油管输送式射孔传爆管。

准备工作：

(1) 正确穿戴劳动保护用品。

(2) 工(用)具、材料准备：枪身支架2个，定长尺1把，专用割刀2把，锁口钳2把，传爆管1支，含导爆索弹架1套，射孔枪身1支，单中接1个，配件包1套，擦布若干。

操作程序：

(1) 检查射孔弹架导爆索和传爆管质量及生产日期。

(2) 丈量中接的长度、传爆管长度来确定导爆索的余留长度。

(3) 根据计算的导爆索余留长度调节定长器的长度并固定定长器。

(4) 将导爆索穿入定长器，一只手拿住定长器将零点紧靠在弹架托盘上，同时拉紧导爆索，另一只手拿刀在定长器的切割处向下用力切断导爆索，切断后保将导爆索切面略向上倾斜，防止切面药散落。

(5) 联炮工甲一只手拿起导爆索，另一只手拿传爆管，将传爆管旋转套入导爆索，拿导爆索的手食指和中指夹住导爆索，用拇指顶住传爆管的顶端，确认导爆索与传爆管接触良好后，选择专用锁口钳对应钳口在传爆管的插口处卡紧。

(6) 将扶正管插进卡好传爆管的导爆索，顺时针将扶正管旋进托盘上的内螺纹内，旋进过程中要注意观察传爆管是否与扶正管一起转动，如有转动应立即停止旋进，取下扶正管检查导爆索与传爆管是否有异常，如无问题继续旋进扶正管直到所有螺纹都上满。

(7) 联炮工甲用食指和中指夹住扶正管，拇指顶住传爆管顶端，用小号螺丝刀上紧顶丝，顶丝拧至传爆管与扶正管相对固定，拇指感觉不到传爆管外顶的力为止。

(8) 将枪身止口装置装进枪身头部，使弹架上第一发射孔弹垂直向上，由尾至头缓慢平稳地把弹架插入枪管内，3m 以上的弹架应由两人抬放，抓握位置应距弹架两端 1m

左右，不得让弹架弯曲，装入弹架时应注意保护好导爆索，当弹架头部托盘距离枪身端面 10 ～ 20cm 时停止插入，取下枪身止口装置。

(9) 将第一发弹聚能罩对准枪体第一个盲孔，用专用工具缓慢水平推进射孔弹架，至定位托盘上端面与退刀槽端面对齐，定位销应对准定位槽，用专用工具旋转弹架，当听到“啪”一声且弹架不能再旋转时说明弹簧定位销进入定位槽，弹架与枪身的定位工作完成。

(10) 把扶正管从中接孔眼穿出，联炮乙用 36in 管钳反背，管钳卡口距枪身两端约 20cm，联炮甲用 24in 管钳顺时针旋转安装枪头、枪尾，中接端面与枪身端面紧密接触后，再用约 500N・m 力矩上紧。

(11) 收拾工具，清理场地。

操作安全提示：

(1) 遇有雷雨、大风、沙尘暴、暴雨等恶劣天气时应停止施工，采取紧急避险措施。

(2) 割导爆索时注意不要将药面撒落到眼、嘴和身体的其他部位，防止对人体造成伤害。

(3) 联炮区严禁烟火和使用任何无线电子设备。

(4) 切割导爆索时严禁挤压导爆索。锁紧导爆索时锁口钳禁止夹传爆管的装药部分。

70. 检查及组装爆炸杆。

准备工作：

(1) 正确穿戴劳动保护用品。

(2) 工（用）具、材料准备：单面刀片 1 片，爆炸杆 1 根，导爆索 2m、黑胶布 1 盘，高压绝缘胶带 2 盘，白纱带 1 盘。

操作程序：

(1) 根据井况资料和工程爆炸通知单的内容确定导爆索的型号、电雷管型号、爆炸杆等器材。

(2) 检查导爆索外皮有无损伤、有无断药现象，确认导爆索直径变化率小于5%。

(3) 将导爆索均匀分布在爆炸杆周围，根据施工设计选择导爆索缠绕的长度，一般情况下导爆索缠绕长度大于1m，药量偏大时不超过1.5m，切割多余的导爆索。

(4) 每隔100mm左右用白纱带捆扎一道，再用高压胶布缠紧，绑扎好的导爆索外径不得大于爆炸杆扶正器外径。

(5) 缠绕导爆索顶端应距离爆炸杆上接头0.3～0.5m，用高压绝缘胶带在爆炸杆的两端和中间绑3个扶正器。

(6) 将电雷管紧附在导爆索的上端。

(7) 用白纱带绑紧，雷管的一根引线接爆炸杆主体，另一根引线用黑胶布包好。

(8) 收拾工具，清理井场。

操作安全提示：

(1) 遇有雷雨、大风、沙尘暴、暴雨等恶劣天气时应停止施工，采取紧急避险措施。

(2) 割导爆索时注意不要将药面撒落到眼、嘴和身体的其他部位，防止对人体造成伤害。

(3) 联炮区严禁烟火，严禁使用任何无线电子设备。

(4) 在仪器与枪身连接好后，禁止使用任何仪表测量雷管阻值。

71. 检查及组装电缆桥塞投送工具。

准备工作：

(1) 正确穿戴劳动保护用品。

（2）工（用）具、材料准备：工作台1台，管钳2把，桥塞1套，桥塞送进工具1套，棉纱若干，密封脂1桶。

操作程序：

（1）检查桥塞送进工具外观是否完整，泄压是否彻底。

（2）清洁桥塞工具表面，用油丝绳一头从活塞杆排气口的一端穿入，从另一端将油丝绳拽出，从而将排气孔内的脏物排出。

（3）清洁桥塞工具剪切环螺纹，检查螺纹是否完好，用棉纱擦拭干净火药室内部的杂物。

（4）清洁桥塞工具各部件螺纹并检查是否完好，用一字形螺丝刀卸下缸套处用过的剪切螺钉。

（5）检查桥塞送进工具连接接头是否完好，用棉纱清洁各缸体内部，更换密封圈，涂上密封脂。

（6）将上缸套拧在压力室上；把浮动活塞推入上缸套内，直至与压力室接触。

（7）将尼龙堵固定在上缸套的排气孔内。

（8）将缸体立起，排气孔一端向上，注入清洁的机油，机油的油面高度为活塞筒顶端螺纹的下边缘。

（9）将缸套接头固定在缸套上，连接下堵头，坐封芯轴，将连接好的下堵头与浮动活塞杆底部连接，固定在下缸套内，拧紧各部位螺纹。

（10）转动火药室，使缸套接头上的剪切销钉口与火药室下堵头上内孔对齐，拧上剪切销钉，安装坐封筒和点火头。

（11）井口工检查桥塞主体的螺纹、卡瓦、推筒等部件是否有损伤。

（12）井口工甲在桥塞送进工具的下缸体打备钳，井口工乙将顺时针旋转锁紧环，将锁紧环卸3～5扣。将桥塞剪切环对准桥塞送进工具的连接接头，顺时针旋转，上紧桥塞。

（13）当桥塞剪切环螺纹全部上进连接接头后，逆时针旋转推筒，直到推筒下界面与桥塞的推筒卡槽接触良好为止。

（14）用管钳逆时针旋转桥塞锁紧环，旋转不动为止。

（15）检查推筒备帽、桥塞松动情况。

（16）收拾工具，清理井场。

操作安全提示：

（1）安装桥塞火药时禁止野蛮操作、过度拧火药本体。

（2）遇有雷雨、大风、沙尘暴、暴雨等恶劣天气时应停止施工，采取紧急避险措施。

（3）检查桥塞送井工具是否齐全、有无残存的脱断螺栓（剪切环），若脱断螺栓（剪切环）未断则分析查找原因。

（4）桥塞送进工具泄压时要避免气体伤人。

72. 组装增压装置。

准备工作：

（1）正确穿戴劳动保护用品。

（2）工（用）具、材料准备：专用工具1套，管钳2把，支架2个，增压装置1套，火工件1套，起爆器接头1套，密封脂若干，擦布若干。

操作程序：

（1）将增压装置从包装箱取出，拆卸包装箱时应使用专用工具，禁止砸、敲等野蛮操作。

⑵ 从增压装置本体卸下连枪接头，检查增压装置配件是否齐全完好、火工件是否完好有效。

⑶ 将配件包中的密封圈安装在连枪接头上，并在密封圈上均匀涂抹密封脂。

⑷ 将连枪接头竖直平放于垫布上，卸下传火堵头，将火工件从包装袋中取出，在复合点火具密封圈上均匀涂抹润滑脂，将复合点火具密封面端向下装入连枪接头，将传火堵头拧入连枪接头。

⑸ 将专用传爆管均匀涂抹密封脂后安装入连枪接头。

⑹ 将连枪接头连接在增压装置本体上，将小孔接箍连接在增压装置本体下部并拧紧。

⑺ 将增压装置连接到起爆器接头。

⑻ 收拾工具，清理井场。

操作安全提示：

⑴ 遇有雷雨、大风、沙尘暴、暴雨等恶劣天气时应停止施工，采取紧急避险措施。

⑵ 进入施工现场的人员必须穿防静电服，佩戴安全帽，穿好工鞋。

⑶ 带有火工件的物品必须轻拿轻放。

⑷ 进入施工现场的人员禁止携带手机等通信器材。

⑸ 禁止在施工现场吸烟和动火。

73. 装配水平井压力起爆器。

准备工作：

⑴ 正确穿戴劳动保护用品。

⑵ 工（用）具、材料准备：管钳 2 把，拔销钉专用工具 1 套，支架 2 个，桌子 1 张，椅子 1 把，水平井压力起爆器及配套组件 1 套，密封脂若干。

操作程序：

(1) 检查施工设计中压力起爆器销钉数量及销钉剪切值是否与起爆器一致。

(2) 核实管柱中封隔器情况是否与施工设计一致，核实压井液密度。

(3) 检查起爆器螺纹是否完好，并清洁螺纹、密封面和密封圈。

(4) 拆卸起爆器本体，分离活塞组件与起爆器本体，检查活塞组件外观是否完好、起爆器销钉是否齐全。

(5) 按照设计要求拔出多余销钉，将剩余销钉均匀分布于活塞组件上。

(6) 活塞组件按说明要求安装密封圈并涂抹黄油，做好销钉防窜措施。

(7) 将起爆器垂直地面放置，活塞组件按照起爆器说明书要求的方向放入本体内，防止在本体倾斜的情况下安装起爆器。

(8) 起爆器本体与销钉组件螺纹拧满后用管钳拧紧，安装起爆器外部密封圈并涂抹黄油。

(9) 在起爆器顶端安装压力起爆器防砂管。

(10) 组装起爆器各组件并用管钳上紧。

(11) 将雷管按照设计方向放入起爆器雷管舱并上紧。

(12) 收拾工具，清理井场。

操作安全提示：

(1) 遇有雷雨、大风、沙尘暴、暴雨等恶劣天气时应停止施工，采取紧急避险措施。

(2) 进入施工现场的人员必须穿防静电服，佩戴安全帽，穿好工鞋。

(3) 带有火工件的物品必须轻拿轻放。

(4) 进入施工现场的人员禁止携带手机等通信器材。

(5) 禁止在施工现场吸烟和动火。

74. 组装机械开孔起爆器。

准备工作：

(1) 正确穿戴劳动保护用品。

(2) 工（用）具、材料准备：尖嘴钳子1把，支架2个，桌子1张，机械开孔起爆器1套，密封脂若干。

操作程序：

(1) 检查机械开孔起爆器外观是否完好。

(2) 拧下机械开孔起爆器顶丝后，拆卸起爆器壳体，检查机械开孔起爆器剪切销、限位销是否松动、完好。

(3) 检查火工件与起爆器是否配套齐全，是否在有效期内。

(4) 连接机械开孔起爆器壳体与下部并用管钳上紧后拧紧限位顶丝。

(5) 用专用工具从起爆器本体下端卸下压塞，按照雷管指示方向装入雷管后将压塞装入起爆器本体。

(6) 将压塞上的压紧螺塞用专用工具卸下，按照助爆管火工件方向装入传爆火工件后，将压紧螺塞装入压塞内并拧紧。

(7) 将起爆器外部密封圈套好并涂抹黄油。

(8) 收拾工具，清理井场。

操作安全提示：

(1) 遇有雷雨、大风、沙尘暴、暴雨等恶劣天气时应停止施工，采取紧急避险措施。

(2) 禁止在施工现场吸烟和动火。

(3) 进入施工现场的人员必须穿防静电服、佩戴安全帽，穿好工鞋。

(4) 带有火工件的物品必须轻拿轻放。

(5) 进入施工现场的人员禁止携带手机等通信器材。

75. 维修和保养滑套。

准备工作：

(1) 正确穿戴劳动保护用品。

(2) 工（用）具、材料准备：开口扳手 1 把，专用套筒扳手 1 把，支架 2 个，桌子 1 张，滑套 1 个，配件包 1 套，棉纱若干，兆欧表 1 块，万用表 1 块。

操作程序：

(1) 检查滑套配件包中的配件是否齐全、完好。

(2) 分别校验万用表和兆欧表。

(3) 将万用表两支表笔分别搭在滑套上下端，用电阻挡位检查滑套的通断情况。

(4) 将兆欧表两支表笔分别搭在滑套内触点和外壳体上，以 120r/min 的速度顺时针摇动手柄检查滑套绝缘情况。

(5) 用专用套筒扳手和开口扳手拆卸滑套，依次将配件摆放在干净的擦布上。

(6) 用兆欧表依次检查滑套配件绝缘垫的绝缘情况，用万用表检查芯杆的通断情况。

(7) 清洁滑套芯杆触点、绝缘垫、螺纹、密封部件等。

(8) 清洁滑套内部和连接杆外部。

(9) 将绝缘塑料管套在芯杆上。

(10) 依次按拆卸顺序安装各部分配件。

(11) 用套筒扳手和开口扳手拧紧各个配件。

(12) 组装快速接头盒备帽。

（13）分别用万用表和兆欧表检查滑套的通断和绝缘情况。

（14）收拾工具，清理井场。

操作安全提示：

（1）使用套筒扳手和开口扳手时注意固定滑套，防止用力不匀伤人。

（2）使用兆欧表时注意放电，防止电压伤人。

76. 解释 TCP 监测仪曲线。

准备工作：

（1）正确穿戴劳动保护用品。

（2）工（用）具、材料准备：电脑 1 台，U 盘 1 个，打印纸若干。

操作程序：

（1）将被解释的曲线导入电脑。

（2）进入 TCP 监控程序。

（3）回放被解释曲线。

（4）使用放大功能，根据曲线形态、间隔时间准确判断出起爆信号（标准起爆曲线为双曲线形态，间隔时间为 90s）。

（5）根据声音准确判断出起爆信号。

（6）打印被解释曲线。

（7）退出程序，拔出 U 盘。

（8）关闭电脑收拾工具。

操作安全提示：

注意用电安全。

77. 连接缆芯与滑环。

准备工作：

（1）正确穿戴劳动保护用品。

(2) 工（用）具、材料准备：万用表1块，兆欧表1块，专用扳手2把，滑轮支架1台，胶布1卷，滑环1个。

操作程序：

(1) 将万用表两支表笔分别搭在缆芯两端，检查缆芯的通断情况。

(2) 将兆欧表两支表笔搭在电缆缆芯和外铠上，以120r/min的速度顺时针摇动手柄检查缆芯绝缘情况。

(3) 检查滑环的通断和绝缘情况。正常情况下，电缆的直通阻值小于50Ω，绝缘阻值大于550MΩ，如果电缆阻值不正常需排除故障，再进行下一步操作。

(4) 剥掉电缆外铠40～50cm，留出40～50cm长的电缆缆芯。

(5) 根据缆芯直径选择合适的剥线钳线槽剥线。

(6) 根据滑环接线槽的长度进行剥线。

(7) 将剥好的缆芯放入滑环接头的线槽里，用焊锡固定。

(8) 焊锡稳定后检查缆芯与滑环接头的连接情况。

(9) 用绝缘胶布缠绕滑环插头，拧紧备帽。

(10) 将滑环固定在滚筒上。

(11) 检查缆芯通断和绝缘情况。

(12) 收拾工具，清理井场。

操作安全提示：

(1) 兆欧表使用后应立即放电，防止触电伤人。

(2) 使用电烙铁固定缆芯时要防止烫伤。

78. 制作马达线接头。

准备工作：

(1) 正确穿戴劳动保护用品。

(2) 工(用)具、材料准备：电烙铁1把，万用表1块，兆欧表1块，马达插头1个，导线0.2m，焊锡足量，松香足量，热缩管0.2m，桌子1张，椅子1把。

操作程序：

(1) 检查接头、导线质量。

(2) 清洁马达线接头、导线。

(3) 烧热电烙铁后，导线和电烙铁沾松香。

(4) 用电烙铁融化焊锡。

(5) 将马达线和马达线接头比对好后，用融化的焊锡固定。

(6) 用电烙铁抹掉多余的焊锡。

(7) 用热缩管穿在马达线和马达线接头的焊锡处，用打火机固定热缩管。

(8) 轻拉马达线检查焊接质量。

(9) 重复焊接马达线5个线头。

(10) 将万用表表笔分别搭在马达线一头和马达接头插针上，分别检查马达线5根线的通断情况。

(11) 将兆欧表两支表笔分别搭在5根线的任意2根上，以120r/min的速度顺时针摇动手柄检查绝缘情况。

(12) 收拾工具，清理场地。

操作安全提示：

(1) 兆欧表使用应立即放电，防止触电伤人。

(2) 使用电烙铁固定缆芯时要防止烫伤。

79. 校验数控射孔取心仪深度系统。

准备工作：

(1) 正确穿戴劳动保护用品。

(2) 工(用)具、材料准备：万用表1表，射孔仪器车

1 辆，射孔取心仪 1 台，凳子 1 把，连接短线 2 根。

操作程序：

(1) 检查连接线的数量，检查仪器配件是否齐全。

(2) 连接跳线。

(3) 进入射孔目录和检验程序。

(4) 按照作业指导书要求校验深度信号。

(5) 根据信号的曲线形态、数值判断数控仪器是否正常。

(6) 退出检验程序和射孔目录。

(7) 拆除插孔连接线。

(8) 清理井场，收拾工具。

操作安全提示：

注意用电安全。

常见故障判断处理

1. 滑套总成故障有什么现象？故障原因是什么？如何处理？

故障现象：

(1) 滑套总成芯杆与枪体间绝缘阻值低，甚至阻值接近零。

(2) 滑套总成芯杆两头阻值较大（正常为零）。

(3) 滑套总成与磁定位器连接处进水，不绝缘。

(4) 滑套总成下端进水，不绝缘。

故障原因：

(1) 绝缘件漏装、受潮、质量差都会导致芯杆与枪体间绝缘性降低。

(2) 与雷管引火线接触的芯杆端面生锈、有油污或另一端与插针接触不良都会导致芯杆两头阻值较大。

(3) 滑套总成上端的密封圈损坏、出现严重不可恢复性变形、不匹配或密封面严重损坏，会导致滑套总成与磁定位器连接处进水。

(4) 滑套总成下端的密封圈损坏、出现严重不可恢复性变形、不匹配，密封面严重损坏、绝缘垫严重损坏、破裂等，都可能导致滑套总成下端进水。

处理方法：

(1) 检查判断故障。

① 用万用表检查通断情况。

a. 首先选择500型万用表，红表笔短杆插入万用表“+”插孔，黑表笔短杆插入万用表“*”插孔。

b. 万用表左边旋钮置于“Ω”挡位，右边旋钮置于“R×100Ω”量程。

c. 将万用表红、黑表笔短接，观察指针是否与表盘右边零刻度线重合，若不重合，调节标有“Ω”字样的按钮，使指针对零。

d. 万用表一支表笔接滑套总成插针，另一支表笔接滑套总成芯杆的另一端，测量芯杆阻值（正常为0Ω）。

② 用兆欧表检查绝缘情况。

a. 兆欧表红、黑表笔分别与L、E端钮连接牢固。

b. 兆欧表开路检查：兆欧表两表笔分开，摇动手柄使发电机达到120r/min的额定转速，观察指针是否指在标度尺“∞”的位置。

c. 兆欧表闭路检查：将兆欧表两表笔短接，缓慢摇动手柄，观察指针是否指在标度尺“0”的位置。

d. 将红表笔接滑套总成插针，黑表笔接枪体任意位置，摇动手柄使发电机达到120r/min的额定转速，读取滑套总成绝缘值。

（2）拆卸滑套总成，检查、清洁配件。

① 用活动扳手夹住滑套总成芯杆下端，用专用套筒扳手逆时针拧上端螺栓，拆卸滑套总成，并将所有配件逐个拆开。

② 用干燥、干净的棉纱将所有配件逐个擦拭干净（包括枪体和绝缘管内侧）。

③ 检查各配件是否损伤。

④ 用兆欧表检查绝缘管、绝缘垫的绝缘情况。

⑤ 擦拭和检查备用的密封圈和密封垫。

（3）组装滑套总成。

① 更换所有密封圈、密封垫。

② 组装滑套配件。

③ 检查装配连接是否牢固。

④ 上快速接头、备帽。

（4）检查滑套总成性能。

① 用万用表检查通断情况。

② 用兆欧表检查绝缘情况。

2. 单芯磁定位器故障有什么现象？故障原因是什么？如何处理？

故障现象：

（1）无信号。

（2）信号忽有忽无，或忽大忽小。

（3）信号微弱。

（4）信号乱，无法识别主负尖峰。

（5）信号正常，但无法点火。

故障原因：

（1）线圈断线、引线脱开、引线与上铜堵断开、接地弹片不接地、信号线破皮接地、仪器铜杆未安装绝缘管或仪器进水造成短路等，都会导致无信号。

（2）线圈引线虚接或接地弹片接地不良会导致信号忽有忽无，或忽大忽小。

（3）线圈漆包线变质阻值增大、线头与引线接触处氧化阻值增大、引线与上铜堵连接处生锈、上铜堵表面氧化、接地弹片氧化等都会导致信号变弱。

（4）一般磁钢装反会造成信号乱且无法识别主负尖峰。

（5）双向二极管损坏断路、弹簧严重生锈、铜杆断、铜杆与小铜帽或上铜堵脱开等，总之，从上铜堵到下铜堵之间的配件连接不通或阻值显著增大，都会导致无法起爆雷管。

处理方法：

（1）首先选择500型万用表，红表笔插入万用表“+”插孔，黑表笔插入万用表“*”插孔。

（2）万用表左边旋钮置于“Ω”挡位，右边旋钮置于“$R\times100\Omega$”量程。

（3）将万用表红黑表笔短接，观察指针是否与表盘右边零刻度线重合，若不重合，调节标有“Ω”字样的按钮，使指针对零。

（4）万用表左边旋钮置于“Ω”挡位，右边旋钮置于“$R\times100\Omega$”量程，一支表笔接仪器上端铜堵，另一支表笔接仪器外壳，测量仪器线圈阻值，应为1300～1500Ω（不同仪器可能有差别）。

（5）万用表左边旋钮置于“Ω”挡位，右边旋钮置于“$R\times100\Omega$”量程，一支表笔接仪器下端铜堵，另一支表笔接仪器外壳，测量仪器二极管和线圈串联阻值，应为1700～2100Ω（不同仪器可能有差别）。

（6）万用表左边旋钮置于“Ω”挡位，右边旋钮置于“$R\times100\Omega$”量程，一支表笔接仪器上端铜堵，另一支表笔接仪器下端铜堵，测量双向二极管正向阻值，应为400～600Ω，然后对换两表笔，测量双向二极管反向阻值，同样应为400～600Ω。

（7）取一枚4cm长的平头小铁钉，铁钉头的平面贴着仪器外壳缓缓移动，确定仪器记录点位置，若磁钢安装正确，在记录点位置小铁钉应能立住。

（8）将万用表左边旋钮置于“A”挡位，右边旋钮置于50μA量程，一支表笔接仪器上端铜堵，另一支表笔接仪器外壳，用一字形螺丝刀在记录点位置左右来回滑动，观察万用表指针是否摆动及摆动幅度大小，判断仪器感应信号情况。

（9）若有故障，拆卸磁性定位器接头，取出仪器总成，根据故障原因继续进行相关拆卸。

（10）修复或更换损坏的部件，排除故障，按与拆卸相反的顺序组装好仪器总成。

（11）按照（4）～（8）步骤检查仪器总成（此时的接地是仪器总成接地弹片，相当于仪器外壳），直到合格。

（12）用棉纱擦拭并检查磁性定位器拆卸开的接头螺纹、密封面，及对应仪器筒的密封面和螺纹。

（13）更换密封圈并涂抹黄油。

（14）将仪器总成装入仪器筒。

（15）安装仪器接头并拧紧。

注意事项：

（1）定位器磁钢磁性较强，拆卸或安装时要注意安全，并尽量远离无关的铁质材料物体。

（2）在仪器搬动和接头拆卸、安装过程中，要小心落物砸伤。

3. 电缆跳槽有什么现象？故障原因是什么？如何处理？

故障现象：

（1）电缆从滑轮槽中跳出，夹在滑轮与滑轮夹板间。

（2）电缆无法正常起下作业，绞车与井口间电缆松弛或拖地。

故障原因：

（1）电缆有破皮、滑轮槽有损伤或滑轮变形。

（2）滑轮槽宽与电缆外径不匹配。

（3）绞车摆放位置偏差大。

（4）天滑轮与井口滑轮垂直位置偏差大。

（5）射孔器和仪器在井内运行速度小于电缆下放速度，造成电缆不能完全进入滑轮槽内。

（6）电缆快速运行中突然停车，造成电缆脱离滑轮槽。

（7）新电缆没有破劲直接使用。

（8）电缆下井速度太快或速度波动幅度大。

（9）井下遇阻没能及时停车，使电缆遇阻过多。

（10）电缆张力变化大。

处理方法：

（1）发现电缆跳槽立即停车，刹车刹死。

（2）检查确认绞车刹车刹死。

（3）再次检查绞车掩木是否牢固、不滑动。

（4）固定电缆。

① 把井口上方 1m 左右处的电缆擦拭干净，用黑胶布将电缆缠紧包裹，并用铅丝扎紧。

② 将提缆器卡在包裹黑胶布的电缆处，上紧提缆器上的固定螺钉。

③ 下放游动滑车使提缆器坐在井口法兰盘上，观察电缆是否滑动。

④ 如果继续滑动，停止下放，根据情况重新固定电缆。

⑤ 重复步骤③，直到电缆不滑动为止。

⑥ 把天滑轮下放至距地面 1m 左右的位置，要求游动滑车打上死刹。

（5）扶正电缆。

① 用撬杠把夹在天滑轮或地滑轮里的电缆撬出来。

② 检查电缆被卡位置的损坏程度，如外层钢丝损坏严重，应进行铠装。

③ 铠装的电缆两头要用黑胶布包扎并用铁丝箍紧。

④ 将电缆放入滑轮槽内，慢慢提升天滑轮，使提缆器离开井口。

⑤ 卸掉提缆器，恢复正常施工或起出电缆。

注意事项：

（1）在井口操作的人员必须戴安全帽，注意高空坠物，防止砸伤。

（2）操作过程中，绞车与井口间严禁人员逗留。

（3）提环材质选用钢丝绳，防止处理过程中提环拉断，造成人员伤亡事故。

（4）穿提环的横担一定用专业提缆器或司机工具的撬台杆或摇把，且注意不发生井下落物。

（5）在扶正电缆过程中，注意电缆弹力或电缆滑动造成的伤害。

（6）电缆运行时，禁止钻越、跨越电缆；电缆受力状态下，静止时也严禁穿越。

（7）禁止在运行的电缆、井口滑轮、天车滑轮、吊滑轮、绞车滚筒上作业。

（8）禁止交叉作业。

（9）炎热天防止中暑，冬季寒冷天气防止冻伤。

（10）遇有雷雨、大风、沙尘暴、暴雨等恶劣天气时，应采取紧急避险措施，或执行相关应急方案。

4. 电缆打结有什么现象？故障原因是什么？如何处理？

故障现象：

（1）地面仪深度指示值比井下仪实测深度明显偏大。

（2）如果是活结，上提测得的套管长度值偏大。

（3）继续下放可能出现遇阻现象。

故障原因：

（1）电缆下放速度过快或速度不均匀导致电缆张力变化大。

（2）套管变形、破损等。

（3）电缆上提过程中突然下放。

（4）井下遇阻没能及时发现和停车。

（5）电缆破皮没能及时发现和修复。

（6）使用未破劲或者破劲不够的新电缆进行施工（新电缆有一定的破劲期，一般为 20 ～ 25 次下井）。

处理方法：

（1）发现电缆打结立即停车。

（2）检查绞车掩木是否牢固、不滑动。

（3）固定电缆。

① 慢慢上提电缆，井口专人观察电缆结是否已到井口，电缆结提出井口后立即通知绞车工准备停车，等电缆结距井口上方大于3m后，立即停车，刹车刹死。

② 在电缆结下部3m左右的位置擦干净电缆并缠上黑胶布，扎紧铅丝。

③ 把提缆器卡在包裹黑胶布的电缆处，上紧提缆器上的固定螺栓。

④ 下放电缆，使提缆器坐在井口法兰盘上，观察电缆是否滑动。

⑤ 如果继续滑动，停止下放电缆，必要时再上提电缆到预定位置，根据情况重新包裹胶布扎铅丝或固定提缆器。

⑥ 重复步骤④，直到电缆不滑动为止。

⑦ 在电缆固定牢靠后，操作绞车慢慢下放电缆，将打结的电缆放至地面。

（4）处理打结电缆。

① 根据电缆扭力的走势解开电缆结，检查电缆外皮，如损伤严重，应在电缆外皮损伤部位进行铠装并用铅丝扎好。

② 如电缆打的死结不能解开，应剪掉电缆结，重新对接电缆。

③ 处理完毕，通知绞车工慢提电缆，观察处理位置，正常后去掉提缆器。

④ 慢速上提电缆，井口留人观察是否还有打结位置。

注意事项：

（1）在井口操作的人员必须戴安全帽，注意高空坠物，防止砸伤。

（2）操作过程中，绞车与井口间严禁人员逗留。

（3）提环材质选用钢丝绳，防止处理过程中提环拉断，造成人员伤亡事故。

（4）穿提环的横担一定用专业提缆器或司机工具的撬台杆或摇把，且注意不发生井下落物。

（5）在解开电缆结时，一定注意电缆弹力造成的伤害。

（6）电缆运行时，禁止钻越、跨越电缆；电缆受力状态下，静止时也严禁穿越。

（7）禁止在运行的电缆、井口滑轮、天车滑轮、吊滑轮、绞车滚筒上作业。

（8）禁止交叉作业。

（9）炎热天防止中暑，冬季寒冷天气防止冻伤。

（10）遇有雷雨、大风、沙尘暴、暴雨等恶劣天气时，应采取紧急避险措施，或执行相关应急方案。

5. 数控射孔取心仪继电器、接线矩阵故障有什么现象？故障原因是什么？如何处理？

故障现象：

数控射孔取心仪无法开启。

故障原因：

（1）驱动板及相关线路损坏。

（2）触点氧化。

处理方法：

（1）检查驱动板及相关线路，更换损坏的零部件，排除继电器故障。

（2）用细砂纸擦去触点氧化层并用无水乙醇擦净触点。

6. 数控射孔取心仪无机械和深度计数故障有什么现象？故障原因是什么？如何处理？

故障现象：

无深度计数。

故障原因：

(1) 马达线损坏。

(2) 变速箱齿轮和主轴损坏。

处理方法：

(1) 检查变速箱齿轮和主轴、110V 电源、供电线路和熔断丝、井口马达和马达线。

(2) 排除变速箱齿轮和主轴故障、电源故障，检修 110V 供电线路，更换熔断丝，排除马达线绕组烧断或轴松动故障。

7. 数控射孔取心仪深度故障有什么现象？故障原因是什么？如何处理？

故障现象：

(1) 数码管不显示或显示不准。

(2) 深度显示方向反向。

故障原因：

(1) 光电脉冲发生器损坏。

(2) 模拟开关损坏。

处理方法：

(1) 检查光电脉冲发生器、光孔转盘压紧螺钉、变速箱与码盘、综合面板模拟开关，用示波器按原理图检查综合面板。

(2) 检查供电线路有无短路或断线故障，拧紧光孔转盘压紧螺栓，使码盘和变速箱齿轮啮合良好。

(3) 用示波仪检查 A、B 脉冲，检查模拟开关。

（4）排除方向显示故障。

8. 测量标准接箍遇阻故障有什么现象？故障原因是什么？如何处理？

故障现象：

（1）电缆松懈没有张力，耷拉掉地。

（2）地面仪显示曲线遇阻信号。

故障原因：

（1）井内有悬浮物导致射孔枪遇阻。

（2）套管存在变形点导致射孔枪无法通过。

（3）原油结蜡，泥沙沉降，托住射孔枪，使枪身无法下放。

处理方法：

（1）确定遇阻曲线信号。

（2）确定遇阻信号深度值。

（3）计算枪身实际遇阻深度。

（4）计算枪身实际遇阻深度与油底之间的距离。

（5）判断是否按标准接箍遇阻程序施工。

（6）计算点火下放值。

（7）写出标准接箍遇阻程序施工过程。

（8）计算枪尾至遇阻位置距离。

（9）如果是首次施工，要准确测量七组套管接箍深度和长度数据。

（10）依据遇阻信号准确计算枪身实际遇阻深度，依据标准判断能否利用标准接箍遇阻程序施工。

（11）进入程序，重新录入 7 组接箍。

（12）连续测量遇阻信号及 7 组接箍；定位曲线连续测量出遇阻信号、上标及上标以上的接箍上标差，下放到点火盘回零后再下放 0.50m，上提对零。

（13）检查核实四吻合、固标差或电缆变化无误后点火射孔。

9. 集流环故障有什么现象？故障原因是什么？如何处理？

故障现象：

（1）测量磁定位曲线时，地面数控仪上测量曲线信号显示有规律地左右摆动，调节仪器参数不起作用。

（2）电缆输送式射孔某次测量定位时，在仪器下放过程中接箍信号正常，而上提测量时接箍信号却时有时无，调节仪器参数不起作用。

故障原因：

（1）集流环炭刷某处磨损严重，在旋转过程中接触不良。

（2）滚筒磁化。

处理方法：

（1）测量集流环通断情况，直通电阻应小于 50MΩ，根据测量结果判断线路是否正常。

（2）测量集流环绝缘性，绝缘阻值应大于 550MΩ，根据测量结果判断线路是否正常。

（3）焊接导线时，在焊点、焊件上涂上松香（或者烫热后点一下），然后使烙铁头、焊锡、焊点三者接触，保持 2 ～ 3s，待焊锡融化均匀后再移开烙铁头，完成焊接。焊接后使用热缩管包裹，排除绝缘故障。

10. 电缆断芯故障有什么现象？故障原因是什么？如何处理？

故障现象：

（1）测量磁定位曲线时，地面数控仪不显示曲线信号。

（2）电流无法释放，点火不成功。

故障原因：

（1）电缆缆芯断开。

（2）电缆受外力发生形变挤压缆芯，导致缆芯被挤断。

处理方法：

（1）针对故障原因（1）：

① 剥开电缆，分离缆芯，用万用表找出断芯的缆芯，将缆芯两端打磨干净，使缆芯两端悬空。

② 兆欧表的“L”接缆芯一端，“G”接缆芯外皮钢丝，万用表“-”表笔接电缆外皮，“+”表笔悬空，将量程开关置于电流灵敏挡。

③ 均匀摇动兆欧表，计下圈数。兆欧表正表笔与缆芯断开，迅速将万用表正表笔接此缆芯，读出放电电流值。按此方法测出缆芯另一端的放电电流值，测出正常缆芯的放电电流值。

④ 计算出断芯位置：$L_1/L_2=I_1/I_2$。其中，L_1 表示电缆缆芯绝缘损坏的长度，L_2 表示电缆缆芯位置与电缆缆心另一端的距离，I_1 表示正向绝缘电流，I_2 表示反向绝缘电流。

⑤ 从断芯位置剪断电缆，重新制作马笼头。

（2）针对故障原因（2）：

① 剥开电缆，分离缆芯，用万用表找出断芯的缆芯，将缆芯两端打磨干净，使缆芯两端悬空。

② 用数字万用表测量缆芯一端对电缆外皮钢丝的分布电容（C_1），并计下读数，用数字万用表测量缆芯两端对电缆外皮钢丝的分布电容（C_2）。

③ 计算出断芯位置：$L_1=C_1L/(C_1+C_2)$。L 表示电缆总长度。

④ 从断芯位置剪断电缆，重新制作马笼头。

11. 放－磁组合仪故障有什么现象？故障原因是什么？如何处理？

故障现象：

(1) 通电后无电流指示故障。

(2) 通电后电流指示值过大。

(3) 无高压。

(4) 电流逐渐变大使 CCL 产生干扰。

(5) 有效波干扰。

故障原因：

(1) 供电线路短路。

(2) 接线排短路。

(3) 变压器损坏，高压输出端短路。

(4) 仪器进水造成绝缘性能下降。

(5) “门槛”值设置过低或滤波器损坏。

处理方法：

(1) 针对故障原因 (1)：

① 检查测量放射性面板供电线路是否有短路现象。

② 检查测量地面仪设置的开关是否有短路现象。

③ 检查测量接线排的香蕉插头是否接通。

(2) 针对故障原因 (2)：

① 检查接线排香蕉插头连线是否正确。

② 检查下井仪器连线的正极、负极是否接反，正确连接连线的正极、负极。

(3) 针对故障原因 (3)：

① 检查变压器及 LC 振荡电路的元器件和连接线。

② 焊接开焊、脱焊、虚焊部位，更换电子元器件。

（4）针对故障原因（4）：

①卸开井下仪器。

②检查各密封部位及部件。

③更换损坏的密封部件。

（5）针对故障原因（5）：

①重调“门槛”值，将“门槛”值合理调高。

②检查滤波器，如果损坏更换损坏元件。

12. 数控射孔取心仪记录仪故障有什么现象？故障原因是什么？如何处理？

故障现象：

（1）打印时记录纸走斜。

（2）深度比例不正常。

故障原因：

（1）记录纸未装正、吸收轴松动、收纸箱松动。

（2）外装深度脉冲分频板损坏；走纸步进电机损坏。

处理方法：

（1）重新装好记录纸、拧紧固定螺钉。处理故障时不得损坏正常的零部件。

（2）更换工作不正常的分频板；更换步进电机。更换部件时不得损坏正常的零部件。

13. 数控射孔取心仪深度面板故障有什么现象？故障原因是什么？如何处理？

故障现象：

数控射孔取心仪深度不显示或显示不准确。

故障原因：

（1）机械计数及深度计数故障。

（2）深度方向显示故障。

处理方法：

(1) 检查变速箱齿轮有没有挂上、变速箱主轴是否松动并处理。

(2) 检查深度板电源是否供上，若未供上则重新连接线路；检查电源熔断丝是否完好，损坏则更换。

(3) 检查井口马达电路、仪器同步马达电路是否完好，如果马达绕阻、马达机械传动部分损坏，应更换新马达。

(4) 检查电缆缆芯有无损伤，电缆插头及插座有无短路、断路现象，如有则更换或重新焊接。

(5) 检查光电脉冲发生器供电是否正常，未供电则重新连接线路；光孔转盘压紧螺栓是否松动，如有松动则重新紧固；变速箱与码盘是否脱轴，如脱轴则重新安装；专用接口板是否损坏，如有损坏则更换。

(6) 检查光电脉冲 A、B 是否有问题，专用接口板是否损坏，如有则及时更换维修。

14. 数控射孔取心仪接线面板放射性测量通道故障有什么现象？故障原因是什么？如何处理？

故障现象：

(1) 接线矩阵断路。

(2) 放射性无刻度信号。

(3) 放射性供电无直流。

(4) 放射性测井无输出。

故障原因：

(1) 插针与矩阵插孔接触不良；矩阵板弹簧变形。

(2) 振荡器不工作；分频器不工作。

(3) 开关接触不好；整流板损坏。

（4）放射性面板不工作；校深信号分离板不工作。

处理方法：

（1）更换插针或插孔；更换或矫正弹簧片。

（2）检查振荡器，更换损坏的元器件；检查分频器，更换损坏的元器件。

（3）更换开关；检查整流板，更换损坏的元器件。

（4）检查放射性面板，更换损坏的元器件；检查信号分离板，更换损坏的元器件。

15. 便携式正压空气呼吸器常见故障有什么现象？故障原因是什么？如何处理？

故障现象：

（1）戴上防毒面具后面罩内有持续不断的气流。

（2）呼吸时没有空气或阻力过大。

（3）气体泄漏。

故障原因：

（1）可能供气阀故障或者面罩双层密封环与面部贴合不好。

（2）气瓶阀开关没有完全打开、供气阀或减压阀故障。

（3）减压阀与气瓶阀接口处泄漏或中压管与减压阀连接处泄漏。

处理方法：

（1）处理戴上防毒面具后面罩内有持续不断的气流故障。

① 出现这种情况最好重新佩戴面罩，拉紧松紧头带，使面罩与脸部贴紧，如果还不能解决则应重新更换供气阀，故障的供气阀返回制造厂修理。

② 如果是面罩与供气阀连接处泄漏，应从面罩上取下

供气阀，清洁橡胶密封圈，加上硅脂油重新装上面罩。如果仍明显泄漏，则更换新密封圈。如果泄漏依然存在，则返回制造厂修理。

（2）处理呼吸时没有空气或阻力过大故障。

① 查看是否未完全打开气瓶阀开关：用一只已知功能正常的供气阀来更换被测供气阀，以确定故障是发生在供气阀还是属于减压阀上。

② 如果吸气时，仍阻力过大，则供气阀没有故障，而应更换减压阀。

（3）处理气体泄漏故障。

① 检查减压阀与气瓶阀接口处或中压管与减压阀连接处平面是否有异物，用一字形螺丝刀将插卡护套拨开，拉出卡子，检查密封圈有无损坏，损坏应进行更换。

② 如果是快速接头泄漏，检验供气阀上的中压管路插头是否有损伤、变形等，如有变形和擦痕，则更换供气阀的中压管路插头，如插头完好，则是快速接头插座泄漏，应卸下中压管路送制造厂检修。

注意事项：

（1）有呼吸方面疾病的人员，不可担任需要呼吸器具的工作。

（2）担任劳动强度较大的工作后，不应立即使用隔绝式呼吸器。

（3）需要呼吸器的工作，应有两个在一起伴行，以彼此照应。

（4）佩戴者在使用中应随时观察压力表的指示值，根据撤离到安全地点的距离和时间，及时撤离灾区现场，或听到报警器发出报警信号后及时撤离灾区现场。

(5) 一旦进入空气污染区，呼吸器不应取下，直至离开污染区，同时还应注意不能因能见度有所改善，就认为该区域已无污染，误将呼吸器卸下。

(6) 打开气瓶阀时，为确保供气充足，阀门必须拧开2圈以上，或全部打开。

(7) 气瓶在使用过程中，应避免碰撞、划伤和敲击，避免高温烘烤和高寒冷冻及阳光下暴晒，油漆脱落应及时修补，防止瓶壁生锈。在使用过程中发现有严重腐蚀或损伤时，应立即停止使用，提前检验，合格后方可使用。超高强度钢空气瓶的使用年限为12年。

(8) 气瓶内的空气不能全部用尽，应留下不小于0.05MPa压力的剩余空气。

16. 管输CCL套标上提值算错有什么现象？故障原因是什么？如何处理？

故障现象：

(1) 定位结束后，数码管深度与点火记号深度不吻合。

(2) 实时深度与理论深度不吻合。

(3) 实际点火上提值与正常点火上提值不吻合。

故障原因：

(1) 标准接箍深度或预计炮头长错误。

(2) 油顶深度或校正值错误。

(3) 原始深度数据准确，人为地将数据计算错误。

处理方法：

(1) 重新检查、计算箍深度、标准接箍深度、预计炮头长度。

(2) 重新检查、计算箍深度、油顶深度、校正值。

(3) 依据准确的标准接箍深度、炮头长、油顶深度、校正值，重新计算点火上提值。

17. 高能气体压裂施工时压裂弹未被引燃有什么现象？故障原因是什么？如何处理？

故障现象：

(1) 点火后没有听见压裂弹的声音，压裂弹没有正常点燃。

(2) 点火后从井口传出的声音较正常时微弱或者根本听不到声音。

故障原因：

(1) 点火电路问题。

① 绝缘性差，造成点火电流被分流，导致点火电流不够。

② 点火电路断路，造成点火电流没下井。

(2) 点火头质量问题。

① 直流电阻较正常的大。

② 点火头内部点火桥丝断路。

(3) 点火头安装问题。

① 间隙过大。

② 下井过程中脱落。

(4) 点火火焰未正常输出或者压裂弹提前落井。

① 部分井下压裂弹未能被正常点燃，造成部分压裂弹返工。

② 井下压裂弹点火前落井。

处理方法：

(1) 检查点火电路。

① 检查点火电路各部绝缘是否良好，维修绝缘不好的电路或电缆。

② 检查点火电路连通状态是否良好，维修连通不好的电路或电缆。

（2）检查点火头质量问题。

① 检查是否直流电阻较正常的大，为了安全，点火头一般不做检查，直接更换新的。

② 检查点火头内部点火桥丝是否断路，为了安全，点火头一般不做检查，直接更换新的。

（3）检查点火头安装问题。

① 检查间隙是否过大，若是则调整到正常间隙。

② 检查点火头是否脱落或间隙过大，若是则更换点火头。

（4）起出电缆检查是否发生返工。

① 井下压裂弹是否没有正常点燃，检查原因，重新下井施工。

② 检查井下压裂弹是否部分发生返工现象，更换没有点燃的压裂弹，重新下井施工。

③ 检查是否发生井下落物事故，用打捞工具打捞落物物体。

注意事项：

（1）雷雨天气禁止作业。

（2）操作火工品要轻拿轻放。

（3）施工前检查井场各部是否漏电。

（4）发电机要做好地线。

（5）上井架系好、使用好安全带。

（6）起下电缆时速度要慢。

（7）点火前井口人员必须撤离到安全位置。

18. 加压时压力起爆器压不响、起爆器提前起爆故障有什么现象？故障原因是什么？如何处理？

故障现象：

（1）井口加压达到设计最大值时没有监听到井起爆响声，起爆器没压响。

（2）射孔器或传输管柱下井过程中井筒内传出很大的响声，起爆器提前起爆。

故障原因：

（1）压不响的原因：

① 销钉计算公式用错，造成销钉个数计算错误。

② 现场组装起爆装置时多装了剪切销钉。

③ 井口加压值计算错，没有达到剪断销钉的压力。

④ 井筒内不清洁，压力起爆器传压孔堵塞，压力没有传到起爆器的活塞上面。

⑤ 泵车压力表不好用，显示的压力小于实际压力。

（2）提前起爆的原因：

① 压井液密度不准。做施工设计时，实际井筒内压井液密度与施工设计不符，密度较大，造成计算销钉数量少了。例如：做施工设计时的是清水压井，密度为1.0g/cm^3，现场施工时，井筒内压井液不是清水，而是密度为1.5g/cm^{3}的压井液，这就与预先设计计算时的液体密度有了很大的出入，造成销钉设计少了。

② 现场施工时，相关人员没有核实实际压井液密度是否与施工设计相符。

③ 现场组装起爆装置时少装剪切销钉。

④ 现场组装起爆装置时装的销钉数量正确，但是操作时销钉掉了但未察觉，实际也是剪切销钉少装了。

⑤ 预留安全值小。

处理方法：

（1）压不响的处理方法：

① 泵车压力表要检测合格。检查落实泵车压力表是否好用，如果好用则起出枪身检查起爆器；如果泵车压力表不好用，要维修或更换压力表，井口重新加压。

② 起出射孔器检查压力起爆器安装的销钉数量是否准确。如不准确，按设计重新装配起爆器销钉，重新下井施工。

③ 现场组装起爆装置时相关人员要检查、监督到位，防止装错剪切销钉数量。

④ 准确计算井口加压值，使其达到剪断销钉的剪切压力。

⑤ 施工前将井筒内洗干净，防止堵塞压力起爆器传压孔。

（2）提前起爆的处理方法：

① 起出枪身查找原因。拆卸起爆器，检查安装的销钉数量是否与设计相符。

② 检查核实压井液密度是否与施工设计一致。

③ 做施工设计时的压井液密度要与实际井筒内压井液密度相符。

④ 现场施工时，相关人员要核实井筒内实际压井液密度，发现与设计不符时，要重新计算销钉数量。

⑤ 现场组装起爆装置时相关人员要检查、监督到位，防止装错剪切销钉数量。

⑥ 现场组装起爆装置时要在防油垫布上进行，操作时安装的销钉掉了可及时发现。

⑦ 起爆装置的活塞上原来有多少个销钉、施工设计上

要安装多少个销钉，最后剩余多少个销钉都要落实清楚，要求至少 3 人复核。

⑧ 要按油管输送式射孔施工设计标准预留安全值。

注意事项：

(1) 枪身起出井口前要稳定一下，距井口 100m 时需静止观察，观察时间按井温确定。人员撤离井口到安全位置后再拆卸起爆器，一定要在井口拆卸，且枪身上的射孔弹不准起出井口。

(2) 操作时火工品要轻拿轻放。

(3) 井口加压时现场人员要全部撤离到安全位置，距井口及高压设备区 30m 之内严禁有人。

(4) 井口没有泄压时，人员禁止到井口或高压设备附近。

19. 钻进式井壁取心器的取心操作故障有什么现象？故障原因是什么？如何处理？

故障现象：

(1) 无法取到岩心。

(2) 无法收获完整的岩心。

故障原因：

(1) 井径不规则，把“马达”开关置于“停”的时机没有掌握好，折心过早或过晚均不能把岩心折断。

(2) 由于钻头卡簧磨损严重，无法抱紧岩心，虽然岩心被折断，收回钻头时岩心仍留在井壁中。

(3) 地层松软时，钻取岩心不成形，折心后，液压马达不能完全收回至原位或收回至原位后推心时“心长”显示不变化，说明岩心有“蘑菇头”(即岩心外露出部分直径大于钻头内径)。

处理方法：

(1) 应重新钻取岩心。判断是井径不规则时，要掌握好“马达”开关置于“停”的最佳时机。

(2) 下井前检查钻头卡簧，必要时更换磨损严重的钻头卡簧。

(3) 地层松软钻取岩心不成形，折心后，液压马达不能完全收回至原位或收回至原位后推心时“心长”显示不变化时，应采用使钻头旋转着再向井壁钻进一次，磨掉“蘑菇头”。

20. 井口滑轮误差设置错误有什么现象？故障原因是什么？如何处理？

故障现象：

(1) 首次跟踪深度记号井口对零时：

① 实时深度不准。

② 数码管深度不准。

(2) 定位结束后：

① 数码管深度与点火记号深度不吻合。

② 测量的接箍深度与理论深度不吻合。

③ 测量的标差长度与理论深长度不吻合。

④ 实际点火上提值与理论点火上提值不吻合。

⑤ 首次固标差或电缆变化也相对不吻合。

(3) 完不成定位射孔。

故障原因：

(1) 井口滑轮误差校对错误。

(2) 原滑轮误差校对准确，人为地将系统滑轮误差设置错误。

(3) 使用新电缆但没校对滑轮误差。

（4）使用新井口滑轮但没校对滑轮误差。

（5）冬季施工井口滑轮结冰。

（6）未清理滑轮槽上的污垢。

（7）滚筒上从来没有下过井的那部分电缆初次下井使用时，原滑轮误差不准。

处理方法：

（1）在井上施工时或在标准井重新校对井口滑轮误差，将滑轮误差校对准确。

（2）每次施工时要查看系统滑轮误差，将系统滑轮误差设置准确。

（3）使用新电缆时要重新校对滑轮误差。

（4）使用新井口滑轮时要重新校对滑轮误差。

（5）滑轮误差超过规定范围时要及时更换井口滑轮。

（6）冬季施工要及时清除井口滑轮结冰。

（7）及时清理滑轮槽上的污垢。

（8）滚筒上从来没有下过井的那部分电缆初次下井使用时，也要校对一下滑轮误差。

21. 射孔电缆深度记号校错有什么现象？故障原因是什么？如何处理？

故障现象：

（1）首次跟踪深度记号井口对零时，发现实时深度、数码管深度错误：

① 实时深度不准，误差较大。

② 数码管深度不准，误差较大。

（2）校错一组接箍深度，如果不从零开始跟踪深度，井口对零后输入深度记号，丈量首次点火记号深度，能够完成定位射孔，没有特殊接箍可能造成深度巧合，定位结束后：

① 数码管深度与点火记号深度吻合。

② 测量的接箍深度与理论深度吻合。

③ 测量的标差长度与理论深长度吻合。

④ 实际点火上提值与理论点火上提值吻合。

⑤ 首次固标差吻合。

（3）有特殊接箍的井。

① 测量 7 组接箍时发现深度错误，即实际深度向上或向下窜了一组接箍，7 组接箍排列顺序与放磁图不吻合。

② 完不成定位射孔。

故障原因：

（1）在施工井或在标准井校错深度记号。

（2）用白纱带绑的临时深度记号滑动。

（3）首次施工时不从电缆零点开始跟踪深度。

处理方法：

（1）在井上施工时或标准井重新校对深度记号，将深度记号校准。

（2）深度记号校好后，将白纱带绑牢固，过天车、吊滑轮、井口滑轮时要注意观察，防止临时深度记号滑动。

（3）首次施工时要从电缆零点开始跟踪、核实深度，以进一步验证深度记号是否准确。

22. 井位找错首次施工有什么现象？故障原因是什么？如何处理？

故障现象：

（1）没有特殊接箍的井。

① 施工设计上的井号与采油树上的井号、井口帽上的井号吻合。

② 实探阻流环深度与理论深度误差大。

③ 测量 7 组或多组接箍深度及套管长度与测井放磁曲线图可能吻合，能够完成定位射孔。

④ 定位结束后：

a. 实时深度吻合。

b. 测量的接箍深度、标差长度与理论值吻合。

c. 实际点火上提值与理论点火上提值吻合。

d. 数码管深度与点火记号深度吻合。

e. 下井次数与施工设计吻合。

f. 首次固标差吻合。

（2）有特殊接箍的井。

① 施工设计上的井号与采油树上的井号、井口帽上的井号吻合。

② 实探阻流环深度与理论深度误差大。

③ 测量 7 组或多组接箍深度及套管长度与测井放磁图曲线图不吻合。

④ 完不成测量、定位射孔

故障原因：

（1）施工设计上的井号与采油树上的井号、井口帽上的井号表面吻合，实质并不吻合。

（2）施工设计上的井号与采油树上的井号吻合、与井口帽上的井号不吻合。

（3）施工设计上的井号与采油树上的井号不吻合，与井口帽上的井号吻合。

（4）测井原因造成的测量的套管排列程序、接箍深度、套管长度不准确。

处理方法：

（1）射孔施工炮队根据施工设计井号找准井位，并与采油树上的井号核实准确。

（2）核实井位时由小队长、操作员、监督员三人进行。

（3）安装采油树施工单位要将井口帽上的井号确认准，并在采油树上将井号写准。

（4）提高测井质量，将套管排列程序、接箍深度、套管长度测量准确。

（5）首次施工时一定要从电缆零点跟踪深度，以便核实是否井位错。

（6）必要时进行探底，核实人工井底深度。

（7）采油树上面井号不清楚或没写井号时，要先联系油管部门将井号落实准确，然后再施工。

（8）外厂作业井采油树上不写井号，要严格履行签字确认手续后再施工。

（9）测量7组接箍核实井位时要严格按照相关作业指导书进行操作。

（10）当测量的接箍深度、套管长度超差时，不准随意调节、补偿深度，也不准利用改变测速的方法找回误差。

23. 定位前点火记号滑动有什么现象？故障原因是什么？如何处理？

故障现象：

（1）定位结束后数控仪上面所有测量、记录的深度都与施工设计吻合。

（2）定位结束后点火记号不在定标点附近，而是远离定标点，停留位置：一是靠近井口方向；二是靠近绞车方向。

（3）首次固标差或电缆变化不吻合。

故障原因：

⑴ 点火记号绑扎方法不正确，绑扎不牢固。

⑵ 电缆盘不齐，点火记号被电缆压断后粘在电缆上，已经不在原记号位置。

⑶ 点火记号经过游动滑车、大绳、天车时与之刮磨造成滑动。

⑷ 点火记号经过天车滑轮时被井架角钢刮磨造成滑动。

⑸ 起下电缆时点火记号通过井口时刮磨造成滑动。

⑹ 井口较低，电缆紧贴地面运行，井口到绞车之间有土堆、树木等，电缆经过时造成点火记号滑动。

处理方法：

⑴ 白纱带系双环结，将点火记号绑牢固，必要时缠上黑胶布。

⑵ 施工时将绞车摆正，盘齐电缆。

⑶ 在井场摆车条件允许的情况下，合理选择摆车位置，尽量避开井口与绞车之间的各种障碍物。

⑷ 在点火记号经过井口滑轮、吊滑轮、游动滑车、大绳、天车滑轮、井口时注意观察，防止刮磨记号造成滑动。

⑸ 遇井口较低、井口到绞车之间有土堆、树木等情况时，要对土堆进行挖刨处理，留出电缆运行通道，对树木进行剪枝处理，防止点火记号经过时磨刮造成滑动。

24. 油、套标记号之间的距离超差有什么现象？故障原因是什么？如何处理？

故障现象：

⑴ 油、套标记号之间的距离丈量错，与测量油标时调节的深度数值不吻合。

（2）最后总管柱丈量深度与油底深度+校正值的差值超过规定范围。

故障原因：

（1）针对故障现象（1）：

① 丈量时尺子零点用错。

② 尺子污垢多，未清洁，看不清数字。

③ 电缆上有两个以上的套标记号，本井套标记号没有作特殊标识，将套标记号用错。

（2）针对故障现象（2）：

① 油标或套标记号做错。

a. 施工设计主要深度计算错。

b. 井位找错，测量核实井位时深度吻合。

c. 深度传输故障。

d. 电缆上射孔电缆深度记号不准确。数码管深度与射孔电缆深度记号深度不吻合时，不将射孔电缆深度记号起到井口对零核实深度就置入深度。

e. 不核实井场油管总根数或核实错。

f. 油标深度计算错。

g. 油标上提值计算错。

h. 实际炮头长计算错。

i. 电缆打扭时作套标记号，然后扭被拉开未察觉。

② 油标记号或套标记号通过游动滑车、天车滑轮时被井架、大绳、井口刮磨滑动未察觉。

③ 电缆盘不齐，套标记号被电缆压断后粘在电缆上，已不在原记号位置。

④ 井口较低，井口到绞车之间有土堆等，记号经过土堆时无人观察，未察觉滑动。

⑤ 未观察油、套标记号相对位置，确定错调整方向，应上提调整，错误地下放调整。

⑥ 未按标准绑扎油、套标记号或仅简易绑扎。

处理方法：

（1）油、套标记号之间的距离丈量错，与测量油标时调节的深度数值不吻合。

① 丈量尺子时首先将尺子零点找准、对准记号。

② 看尺子时要有两人读数并及时记录下距离。

③ 丈量前要将尺子污垢清洁干净。

④ 电缆上尽量不要有两个以上的套标记号，特殊情况下套标记号必须作特殊标识并记录准确，防止将套标记号用错。

⑤ 丈量本井的油、套标记号距离时，要查看哪个套标记号是本井的。

（2）最后总管柱丈量深度与油底深度 + 校正值的差值超过规定范围。

① 测量油、套标记号时，所有深度数据要吻合，测准、作准油、套标记号。

a. 施工设计主要深度数据应准确。

b. 找准井位，准确测量 7 组接箍并核实井位。

c. 经常自检深度传输线路，保证深度传输准确。

d. 首次从零跟踪核实射孔电缆深度记号深度，保证电缆上射孔电缆深度记号深度准确。当数码管深度与射孔电缆深度记号深度不吻合时，将射孔电缆深度记号起到井口对零核实深度。

e. 准确核实井场油管总根数。

f. 准确计算油标深度。

g. 准确计算油标上提值。

h. 准确计算实际炮头长。

i. 电缆下速平稳，防止电缆打扭。

② 油标或套标记号通过易刮记号部位时，要将记号加固绑扎。

③ 在井场摆车条件允许的情况下，尽量避开中间的障碍物，合理选择摆车位置。将绞车摆正、盘齐电缆。发现套标记号被压断后粘在电缆上，不要轻易丈量，必须通过深度验证，落实清楚记号是否是在原位置。

④ 井口与绞车之间有土堆时，要处理出电缆运行的通道。记号经过土堆时要有人观察，防止记号经过土堆时滑动。

⑤ 观察油、套标记号的相对位置，将调整方向确定准。

⑥ 丈量完油、套标记号的距离要与测油标调节的深度作比较，二者应基本一致。

⑦ 要按标准绑扎油、套标记号。

⑧ 最后总管柱丈量深度与油底深度 + 校正值的差值必须在标准规定的范围之内。

⑨ 调整长度确认无误后再解掉油、套标记号。

参考文献

[1] 赵春辉 . 电缆多级可控式起爆射孔技术 . 油气田地面工程，2010，29（10）：95.

[2] 贺红民，路利军，慕光华，等 . 防射频可编址分级点火技术 . 测井技术，2014，38（3）：375-377.

[3] 刘腾，慕光华，成随牛，等 . 编码式多级点火分簇射孔技术 . 国外测井技术，2015（5）：49-52.

[4] 陆大卫 . 油气井射孔技术 . 北京：石油工业出版社，2012.

[5] 王树申 . 射孔井地层压力预测及配套防喷工艺技术研究 . 浙江大学，2010.

参考文献

[1] [illegible] 2019, [illegible](10): 9.

[2] [illegible]

[3] [illegible]

[4] [illegible]